"十二五"职业教育国家规划教材
经全国职业教育教材审定委员会审定

钳工工艺与实训

主　编　邢　波
参　编　吴鹤林　李捷

机械工业出版社
CHINA MACHINE PRESS

本书是经全国职业教育教材审定委员会审定的“十二五”职业教育国家规划教材，是根据教育部最新公布的职业学校相关专业教学标准，同时参考钳工职业资格标准编写的。

本书精选了钳工最基本的知识技能，理论联系实际，图文结合，知识讲解简洁直观，将专业知识和操作技能有机地融为一体，突出针对性和实用性，方便读者阅读。本书共计 9 个项目，包括量具认识与使用、平面划线、钢板锯削、矩形块锉销、长方体加工、攻螺纹、阶梯配合、凹凸锉配、典型配合件。书中配有大量习题，便于对学生（职工）的考核指导。

本书适合作为职业院校机械加工技术等加工制造类专业钳工课程教材，也可以作为企业新职工培训和相关技能鉴定的参考用书。

为便于教学，本书配套有电子课件等教学资源，选择本书作为教材的教师可来电（010-88379197）索取，或登录 www.cmpedu.com 网站，注册、免费下载。

图书在版编目（CIP）数据

钳工工艺与实训 / 邢波主编 .—北京：机械工业出版社，2015.10（2024.7 重印）

“十二五”职业教育国家规划教材

ISBN 978-7-111-51737-5

Ⅰ. ①钳… Ⅱ. ①邢… Ⅲ. ①钳工－工艺学－高等职业教育－教材 Ⅳ. ①TG9

中国版本图书馆CIP数据核字（2015）第233962号

机械工业出版社（北京市百万庄大街22号　邮政编码100037）
策划编辑：王佳玮　责任编辑：王莉娜　王佳玮　程足芬
封面设计：张　静　责任校对：佟瑞鑫　责任印制：常天培
固安县铭成印刷有限公司印刷
2024年7月第1版第11次印刷
184mm×260mm · 10印张 · 239千字
标准书号：ISBN 978-7-111-51737-5
定价：39.80元

电话服务
客服电话：010-88361066
010-88379833
010-68326294

网络服务
机　工　官　网：www.cmpbook.com
机　工　官　博：weibo.com/cmp1952
金　　书　　网：www.golden-book.com
机工教育服务网：www.cmpedu.com

前言

本书是按照教育部关于“十二五”职业教育国家规划教材选题立项工作的相关文件，由全国机械职业教育教学指导委员会和机械工业出版社联合组织编写的“十二五”职业教育国家规划教材，是根据教育部最新颁布的职业学校相关专业教学标准，同时参考钳工职业资格标准编写的。

“钳工工艺与实训”是职业学校机械类及近机械类各专业学生必须掌握的基本理论知识和基本技能。本书包含钳工必须掌握的最基本技能，是理实一体化课程教材。

本书在编写中力求突出以下特色：

1. 凸显基于新课程标准的专业课改要求

本书根据教育部最新公布的职业学校教学标准编写，凸显专业课改要求，切实将专业标准贯彻在课程内容中，以“练”引导知识点的学习，让学生在“做”的过程中体验、感悟专业知识和技能，并着力体现岗位综合职业素养要求，注重学生学习兴趣的激发，充分体现“以学生为主体”的教学理念。

2. 任务驱动、理实一体的课程内容重构

本书在内容编排上贯彻任务驱动、理实一体的专业课程教学理念，解构学科体系，以应用为核心、紧密联系生产实际进行课程内容重构，其中理论以适用、实用、够用为度，操作步骤、注意事项、维护保养以及“7S”等职业素养要求明确具体，力求做到学以致用。

3. 基于学生学习习惯、兴趣的版面呈现

本书编写过程中充分考虑职业学校教学实践及学生的学习习惯和兴趣，将内容编成9个教学项目，每个项目都有项目目标、项目描述、相关知识、项目实施、项目评价、知识拓展以及项目总结。版面上大量采用图片，通过以图解文的方式，吸引学生先于教地学习或边做边学，以充分激发学生的学习兴趣，改进学生的学习习惯。

本书共9个项目，参考学时为56学时。各项目参考学时见下表：

项目	项目内容	参考学时	备注
项目一	量具认识与使用	4	
项目二	平面划线	4	
项目三	钢板锯削	4	
项目四	矩形块锉削	4	
项目五	长方体加工	4	

（续）

项目	项目内容	参考学时	备注
项目六	攻螺纹	4	
项目七	阶梯配合	6	
项目八	凹凸锉配	6	
项目九	V形开口锉配	6	
	六角开口锉配	6	
	梯形样板副锉配	8	
合计		56	

本书由邢波担任主编，吴鹤林、李捷参与编写。本书经全国职业教育教材审定委员会审定，评审专家对本书提出了宝贵的建议，在此对他们表示衷心的感谢！

由于编者水平有限，书中不妥之处在所难免，恳请读者批评指正。

编　者

目　录

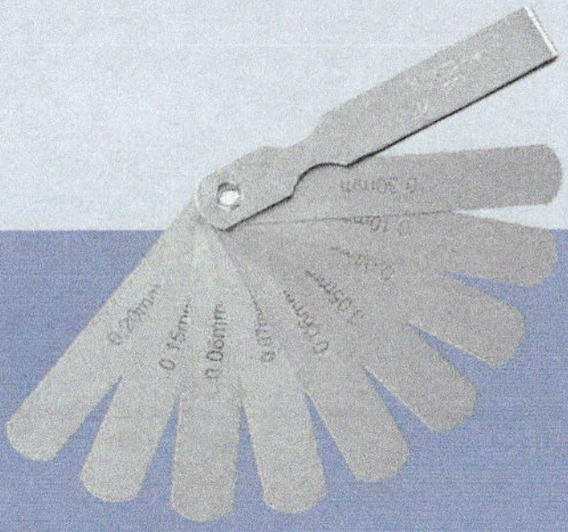

项目一

量具认识与使用

项目目标

钳工在制作零件、检修设备、安装和调整装配工作中都需要使用量具来确保工作质量。没有量具，或者不懂得使用量具，就不可能保证制作、安装工作的合格。因此，熟悉量具的结构和性能，掌握量具的正确使用方法是钳工的重要技能之一。

项目描述

认识钳工常用量具，了解钳工常用量具的使用方法。正确使用和识读游标卡尺、千分尺和直角尺。

相关知识

游标卡尺、千分尺和刀口形直角尺是钳工较常用的量具，通过量具识读感知游标卡尺、千分尺、直角尺的正确使用和保养。

1. 游标卡尺

（1）认识游标卡尺（图 1-1） 游标卡尺的分度值有 0.1mm、0.05mm、0.02mm 和 0.01mm 四种，常用分度值为 0.02mm，如图 1-2 所示。

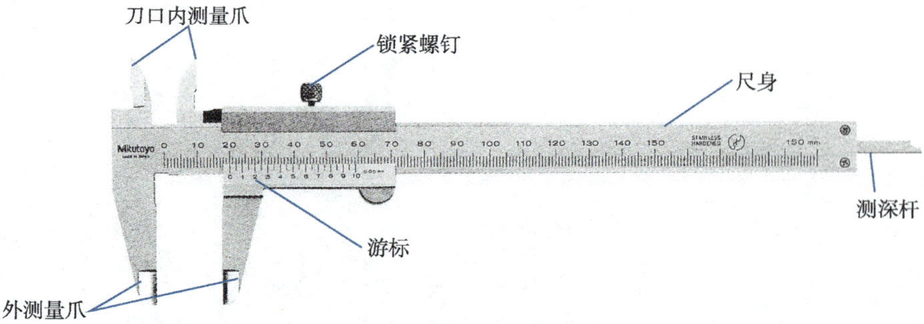

图 1-1　游标卡尺各部位名称

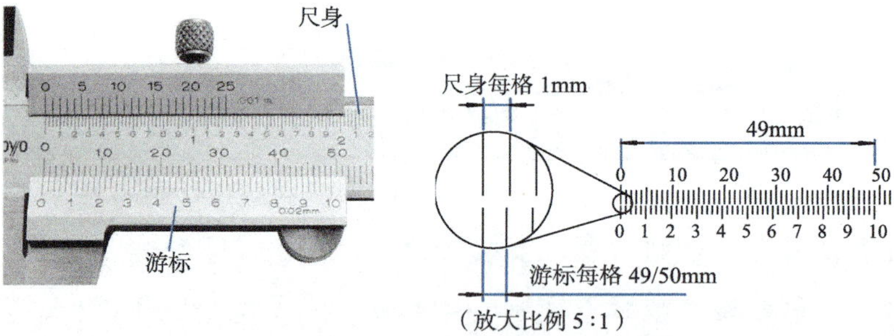

图 1-2　分度值为 0.02mm 的游标卡尺

（2）游标卡尺的标尺标记原理　0.02mm 游标卡尺的标尺标记原理是：尺身每 1 格长度为 1mm，游标总长为 49mm，等分 50 格，每格长度为 49mm/50=0.98mm，则尺身 1 格和游标 1 格的长度差为 1–0.98=0.02（mm），所以它的分度值为 0.02mm。

（3）游标卡尺的读数方法　游标卡尺读数分为三个步骤，具体如图 1-3 所示。

1）先读出整数部分（A 部位）2mm，即游标零线左边尺身上最靠近的一条标尺标记。

2）再读小数部分（B 部位）0.42mm，即游标零线右边与尺身标尺标记重合的那一条线。

3）将读数的整数部分与小数部分相加（2mm + 0.42mm）即为所求的读数（2.42mm）。

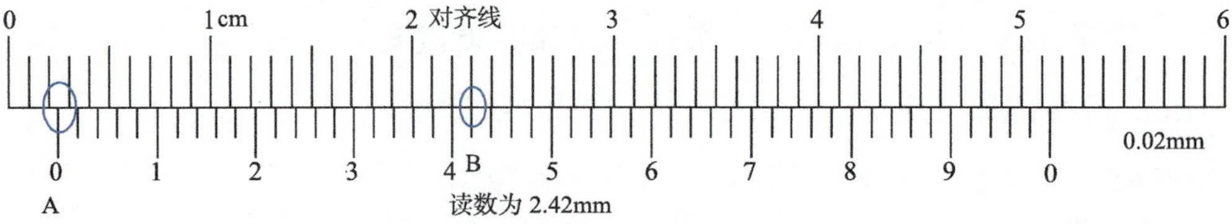

图 1-3　游标卡尺的读数

2. 千分尺

千分尺是一种精密的测微量具，用于测量加工精度要求较高的工件尺寸，主要有外径千分尺和内径千分尺两种。千分尺规格按测量范围分为 0~25mm、25~50mm、50~75mm、75~100mm 和 100~125mm 等，使用时按被测工件的尺寸选取。下面以外径千分尺为例进行介绍。

（1）千分尺的结构　千分尺的结构如图 1-4 所示。

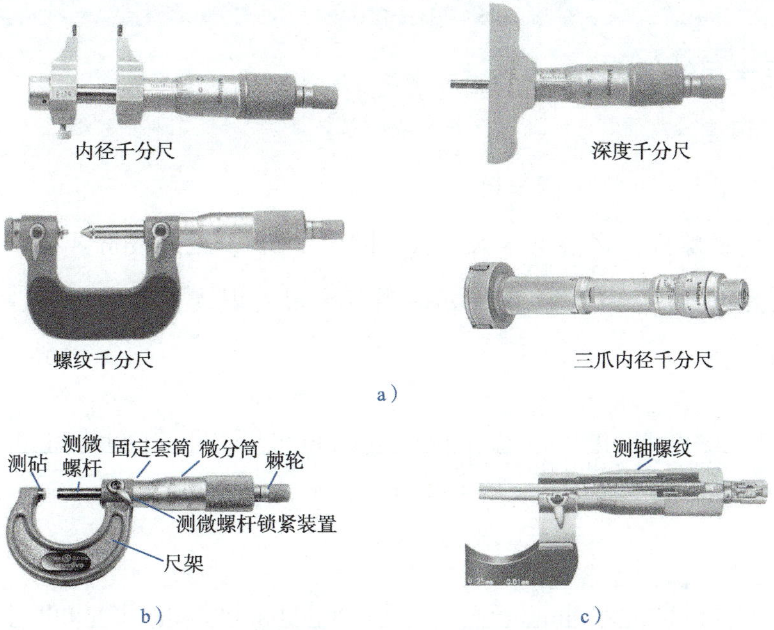

图 1-4　千分尺

a）各种形式的千分尺　b）外径千分尺的各部位名称　c）外径千分尺的内部结构

（2）千分尺的标尺标记原理　千分尺测微螺杆上的螺距为 0.5mm，当微分筒转一圈时，测微螺杆就沿轴向移动 0.5mm。固定套筒上刻有间隔为 0.5mm 的标尺标记，微分筒圆锥面上共刻有 50 个格，因此微分筒每转一格，测微螺杆就移动 0.5mm/50=0.01mm，因此该千分尺的分度值为 0.01mm。

（3）千分尺的读数（图 1-5）　首先读出微分筒边缘在固定套筒的毫米数和半毫米数，然后看微分筒上哪一格与固定套筒上的基准线对齐，并读出相应的不足半毫米数，最后把两个读数相加就是测得的实际尺寸。

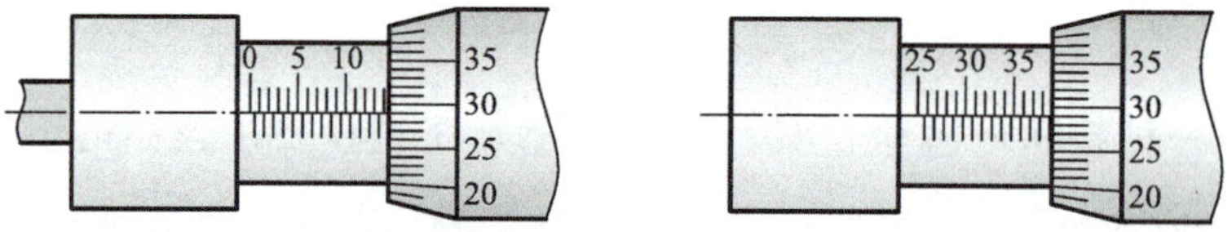

（14+0.29）mm=14.29mm　　（38.5+0.29）mm=38.79mm

图 1-5　千分尺的读数

项目实施

1. 游标卡尺的识读

（1）分组识读

1）每组 3~4 人，一把游标卡尺。

2）松开锁紧螺钉，将游标卡尺调整到 20.36mm、32.22mm 或 40.10mm 中的一个尺寸，固定锁紧螺钉，如图 1-6 所示。游标卡尺的识读见表 1-1。教师检验，发现错误进行纠正。

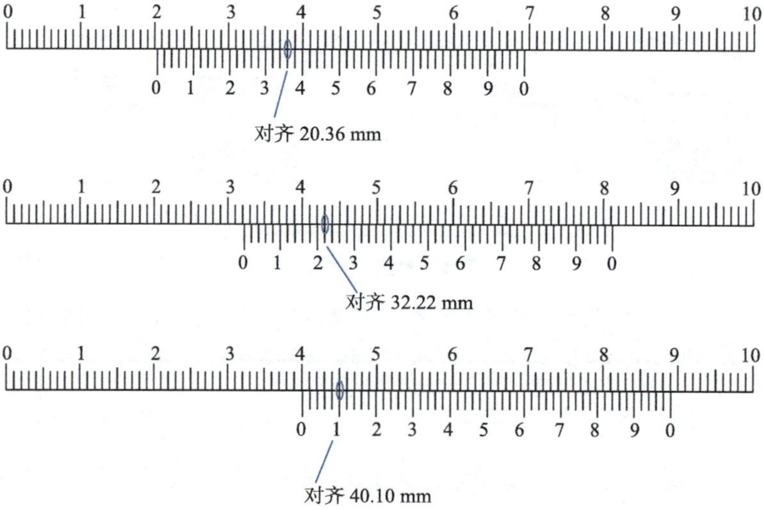

图 1-6　游标卡尺识读 1

表 1-1　游标卡尺的识读

图　示	尺 身 读 数	游标标尺标记对齐读数	游标卡尺读数
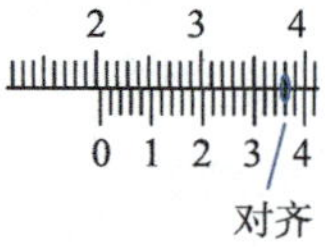	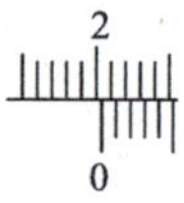	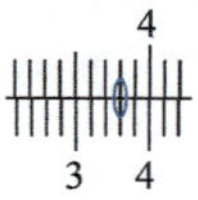	20mm+0.36mm=20.36mm

（续）

图　示	尺 身 读 数	游标标尺标记对齐读数	游标卡尺读数
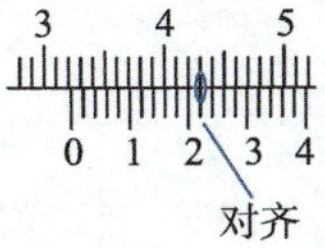	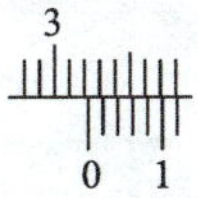	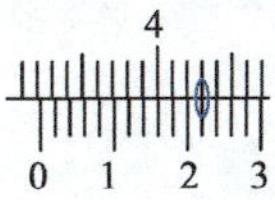	32mm+0.22mm=32.22mm
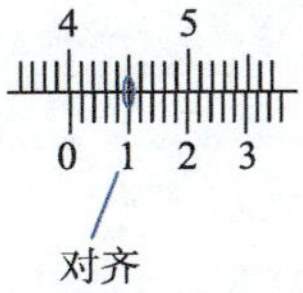	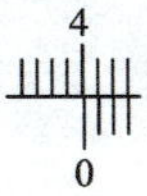	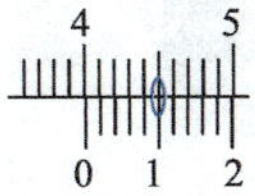	40mm+0.10mm=40.10mm

将游标卡尺调整到 44.48mm 后固定锁紧螺钉，小组同学检验，发现错误进行纠正，如图 1-7 所示。

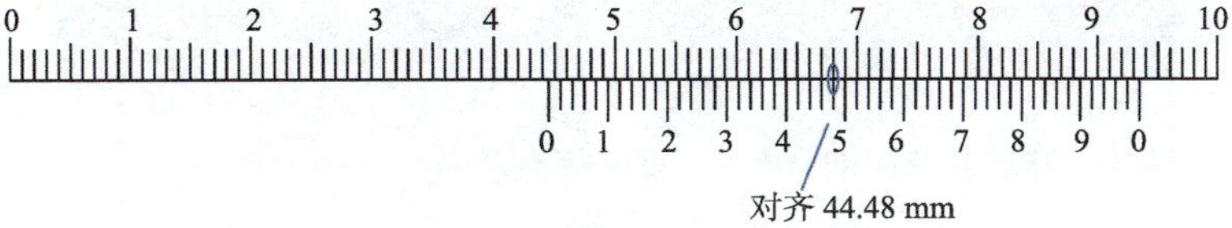

图 1-7　游标卡尺识读 2

3）松开锁紧螺钉，将活动测量爪拉开一定距离，拧紧锁紧螺钉，按照游标卡尺读数方法读出数字，小组同学检验，发现错误进行纠正。

（2）实物测量

1）用软布擦拭测量爪，保证测量爪清洁避免测量误差。

2）将活动测量爪推到零位固定，检查测量爪的测量面是否合严，游标零线与尺身零线是否对齐，无误后开始测量。

3）测量时要注意量具应垂直和平行，避免出现测量误差，如图 1-8 所示。

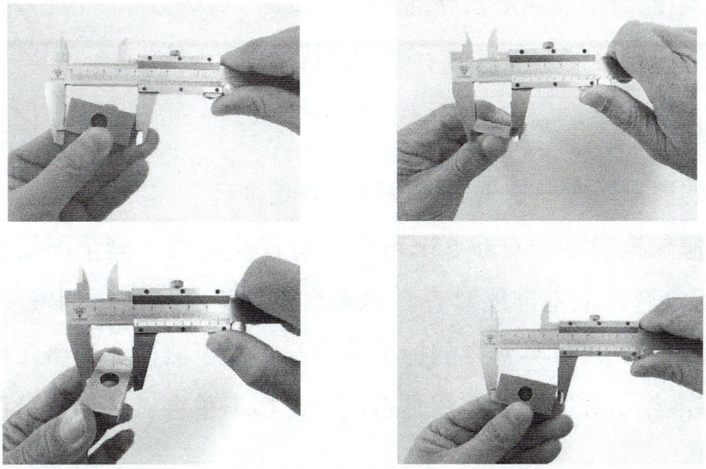

错误测量

图 1-8　实物测量

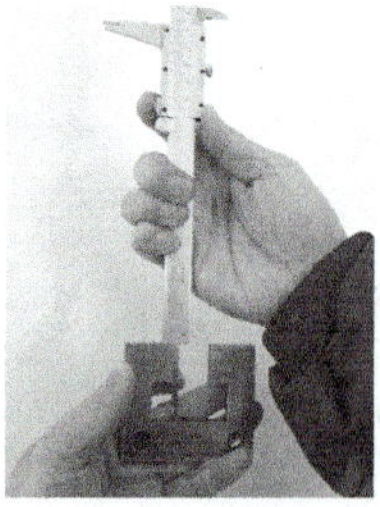

深度测量

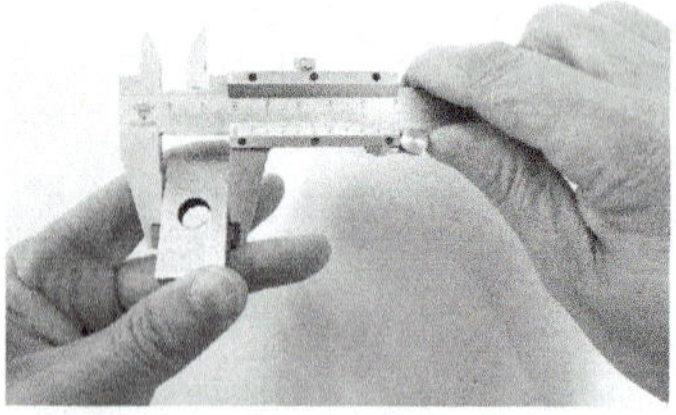

外卡测量

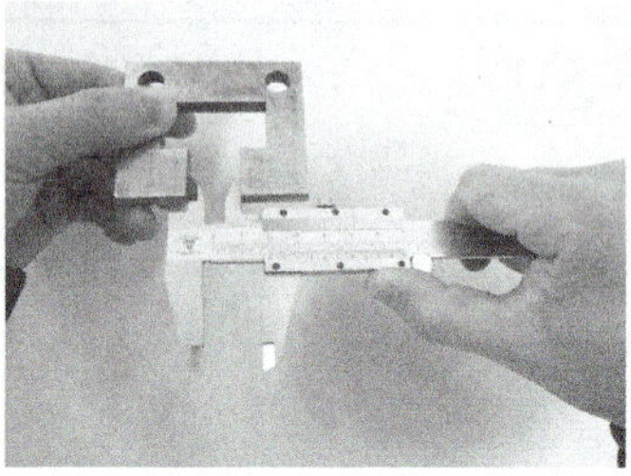

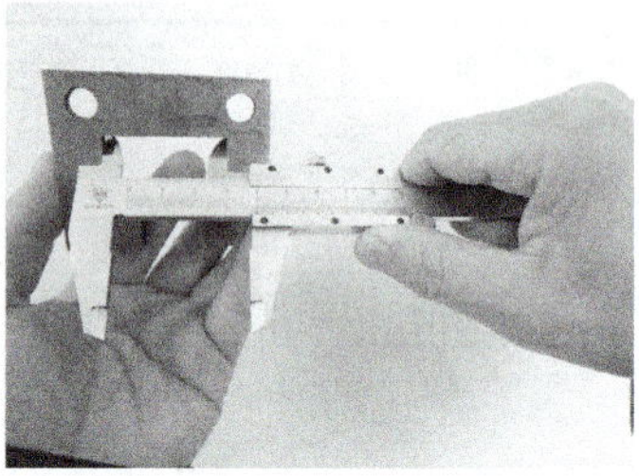

内卡测量

图 1-8　实物测量（续）

4）记录测量数据，与其他同学比对，发现问题应找出原因。

5）测量完毕后，清洁游标卡尺，放入盒中。

（3）注意事项

1）测量时，所用的推力应使两测量爪紧贴接触工件表面，力量不宜过大。

2）测量时，不要使游标卡尺歪斜。

3）在游标上读数时，要正视游标卡尺，避免视线误差的产生。

4）量具使用时要注意轻拿轻放，使用过程中可以放在盒上或放入盒中；注意周围环境的清洁，不能与工具或坚硬物混置。

5）使用完毕后将游标卡尺清洁干净，视情况涂油防锈。

2. 千分尺的识读

1）千分尺的测量面应擦拭干净，以保证测量准确。

2）测量前应校准尺寸，对 0~25mm 的千分尺应将两个测量面接触，观察微分筒上零线是否与固定套筒上基准线对齐。如果没对齐，必须进行调整。对于 25~50mm 及以上的千分尺，应先用量具盒内的标准检验样棒置于测砧和测微螺杆之间，检查固定套筒中线（基准线）和微分筒零线是否重合，如不重合，必须校验调整后使用，如图 1-9 所示。

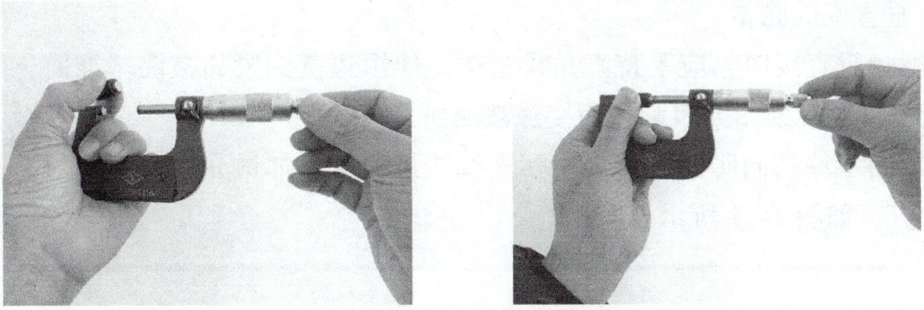

图 1-9　千分尺的校准

3）测量时，先转动微分筒，测量距离稍大于被测物体长度，然后转动棘轮，当两个测量面接触工件后，棘轮出现空转，并发出“咔咔”声响，即可读数。

4）测量时，测砧面要与被测工件表面贴合，并且测微螺杆的轴线应与工件表面垂直。

5）测量时，不可扭动微分筒，只能扭转棘轮。读数时，最好不要取下千分尺进行读数，如确需取下，则应首先锁紧测微螺杆，然后轻轻取下千分尺，防止尺寸变动。

6）读数时，不要错读 0.5mm。

7）量具使用时要注意轻拿轻放，使用过程中可以放在盒上或放入盒中；注意周围环境的清洁，不能与工具或坚硬物混置。

8）使用完毕后将千分尺清洁干净，视情况涂油防锈。

9）存放千分尺之前，不能将两个测量面贴合，应留有 1~2mm 间隙并锁紧测微螺杆。

3. 刀口形直角尺的使用

刀口形直角尺是用于检验直角的量具。刀口形直角尺的刀口也可检验平面的平面度，如图 1-10 所示。

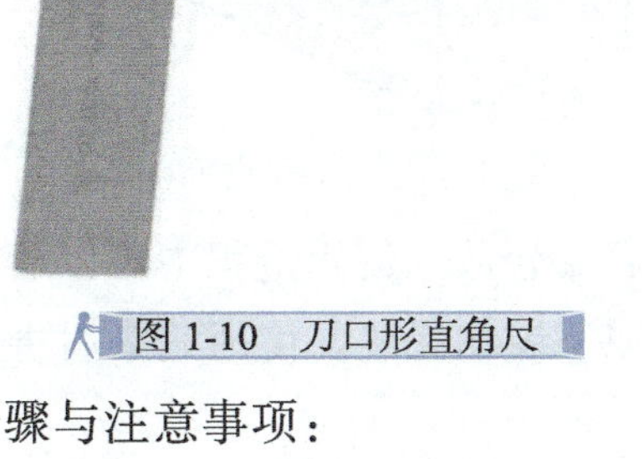

图 1-10　刀口形直角尺

刀口形直角尺的使用步骤与注意事项：

（1）垂直度的测量

1）测量垂直度时，应手持直角尺短边，使短边基面紧靠被测基准面，然后使直尺向下慢慢移动，使内刀口测量面接触被测面。

2）被测工件朝向明亮的方向观察光线透过程度，如透光或有不均匀透光，则被测面不垂直，如图 1-11 所示。

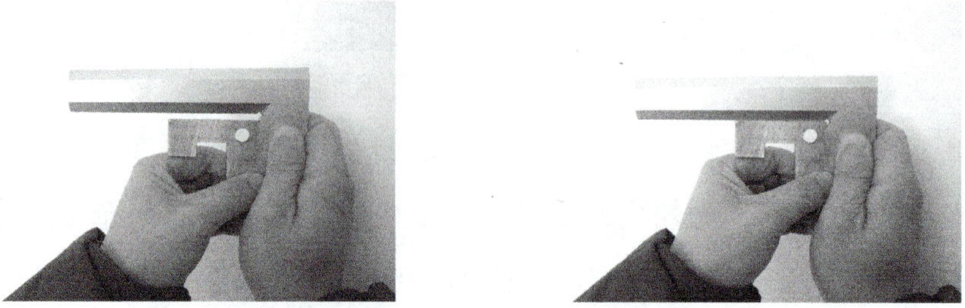

先要靠紧被测基准面，后下移测量垂直面

朝向明亮处观察透光情况

图 1-11　测量垂直度

（2）平面度的测量　用刀口形直角尺的刀口测量面紧靠被测面，朝向明亮方向观察透光程度，如透光或有不均匀透光，则被测面不平，如图 1-12 所示。

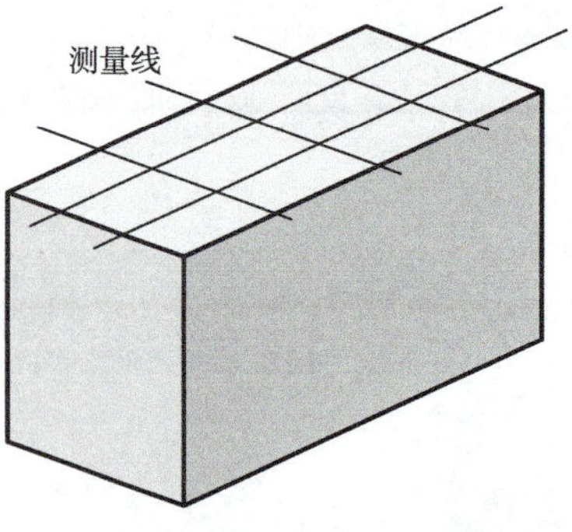

图 1-12　测量平面度

（3）量具使用时要注意轻拿轻放　使用过程中可以放在盒上或放入盒中，注意周围环境的清洁，不能与工具或坚硬物混置。使用完毕后将刀口形直角尺清洁干净，视情况涂油防锈。

项目评价

量具使用任务评分表见表 1-2。

表 1-2　量具使用任务评分表

班级：____________　姓名：____________

序号	项目任务		配分	评分标准	自评	得分
1	游标卡尺（45%）	判断卡尺的测量精度	10	没有检查游标零线与尺身零线对齐情况扣 10 分		
2		测量动作和正确读数	10×2	1．测量动作错误扣 10 分 2．测量结果错误扣 10 分		
3		操作保养	10	随意摆放、与工具混放扣 10 分		
4	千分尺（20%）	判断千分尺的测量精度	5	没有检查千分尺的测量精度情况扣 10 分		
5		测量动作和正确读数	5×2	1．测量动作错误扣 5 分 2．测量结果错误扣 5 分		
6		操作保养	5	随意摆放、与工具混放扣 5 分		
7	刀口形直角尺（20%）	判断直角尺的测量精度	10	没有检查直角尺测量精度情况扣 10 分		
8		测量动作和判断结果正确	5×2	1．测量动作错误扣 5 分 2．判断结果错误扣 5 分		
9		操作保养	5	随意摆放、与工具混放扣 5 分		
10	职业素质（15%）	团队合作	5	有违反视情节扣 1~5 分		
11		遵守纪律	5	有违反视情节扣 1~5 分		
12		迟到早退	5	有迟到早退现象扣 5 分		
13	安全文明操作		操作期间违反安全秩序规定视情况扣 5~10 分			
自评总分						
教师评价	得分：					

知识拓展

1. 量具的分类

量具的种类有很多，根据其用途和特点不同，可分为三种类型。

（1）通用量具　这类量具能对多种零件、多种尺寸进行测量。通用量具应具有分度值，在测量范围内可测量出零件或产品形状、尺寸的具体数值。常见的通用量具有游标卡尺、千分尺、百分表和游标万能角度尺等。

（2）专用量具　这类量具专为检验零件或产品某一尺寸是否处于规定的极限尺寸范围内。通常专用量具不能测量具体的尺寸，只能判断零件或产品的形状、尺寸是否合格。常见的专用量具有卡规、量规等。

（3）标准量具　这类量具只能制成某一固定尺寸，通常用于校对和调整其他量具，也可以作为标准与被测件进行比较，如量块（又称为平面平行量规）。

2. 测量量具的选择原则

1）待测工件批量大时，应选择专用量具和检验夹具；反之，选择通用量具。

2）结构复杂且重量大的工件，可将量具放到工件上进行测量；轻小、简单的工件，可将工件放到量具上进行测量。

3）量具的测量范围、示值范围、分度值等应以能满足工件尺寸大小、图样中技术要求为准。

4）工件的公差小，所选量具的精度要高；反之，所选量具的精度低。

3. 其他典型量具

（1）百分表　百分表是一种指示式测量仪，用于检验机床精度以及测量工件的尺寸、形状和位置误差，它的分度值为0.01mm。图1-13所示为百分表的结构。

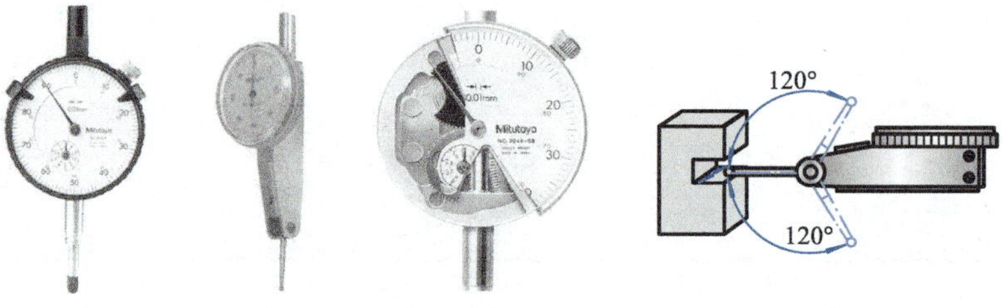

a）　b）　c）　d）

图1-13　百分表的结构

a）百分表　b）指针式杠杆百分表　c）百分表内部结构　d）指针式杠杆百分表的测杆可做240°调节

百分表使用时要固定在表座上，如图 1-14 所示。

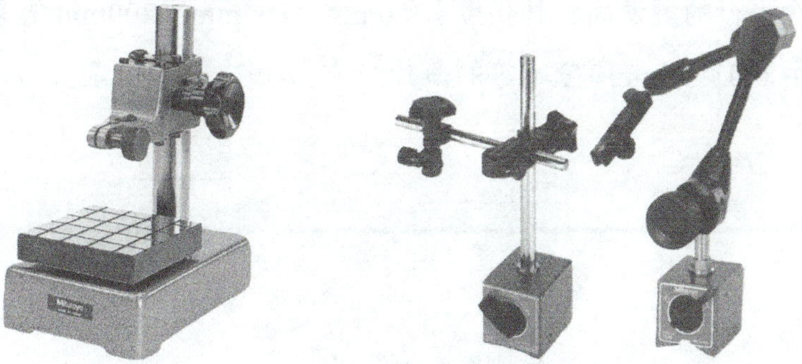

a)　　　　b）

图 1-14　百分表表座

a）比较式表座　　b）磁性表座

百分表的标尺标记原理：当测杆上升 1mm 时，百分表的长针正好转动一周，由于在百分表的度盘上共刻有 100 个等分格，所以长针每转一格，则测杆移动 0.01mm。

百分表使用的注意事项（图 1-15）：

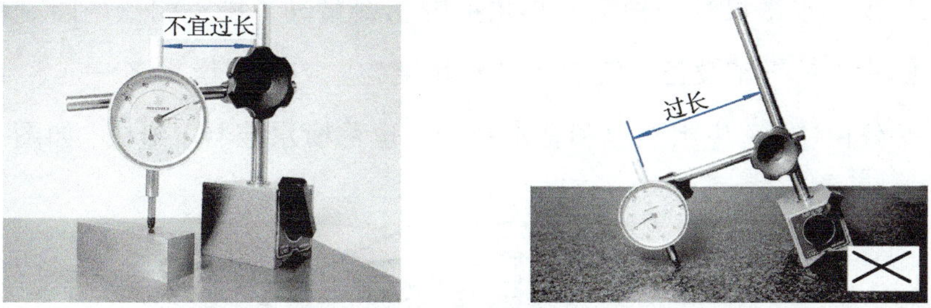

杆臂伸出不宜过长，重心尽量落在表座上，防止重心不稳而倾斜

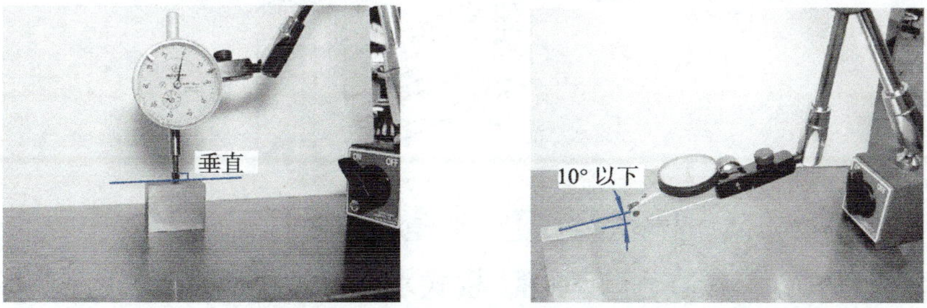

百分表的测杆应与被测面垂直，指针式杠杆百分表的测杆与被测面夹角应在 10° 以下

图 1-15　百分表使用的注意事项

1）使用百分表时，必须把它固定在可靠的夹持架上。

2）测量前，检查度盘和指针有无松动现象。

3）测量前，检查指针是否对准零线，如果未对齐要及时调整。

4）测量时，测杆应与工件表面垂直。如果测量柱体，测量时测杆应对准柱体轴线。

5）测量时，测杆应有 0.3~1mm 的压缩量，保持一定的初始测力，以免由于存在负偏差而测不出值来。

（2）塞尺　塞尺是用于检验两个结合面之间间隙大小的片状量规。

塞尺有两个平行的测量面，其长度有 50mm、100mm、200mm 等多种。

塞尺一般由 0.01~1mm 厚度不等的薄片组成，如图 1-16 所示。

图 1-16　塞尺

使用塞尺时，应根据间隙的大小选择塞尺的片数，一片或数片重叠在一起插入间隙内。使用时要注意保护厚度小的塞尺，因为厚度小的塞尺很薄，容易弯曲和折断，插入时不能用力过大。塞尺使用后应将尺身擦拭干净，并及时收放进保护板内。

（3）水平仪　水平仪是一种测量小角度的精密量具，用于测量平面对水平面或竖直面的位置偏差，是机械设备安装、调试和精度检验的常用量具之一。

框式水平仪由主体、主水准泡和副水准泡（也称横水准器）组成，如图 1-17 所示。

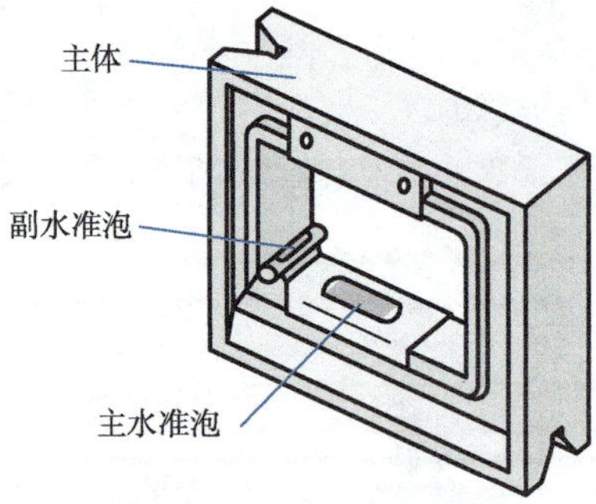

图 1-17　框式水平仪

框式水平仪的精度与标尺标记原理：框式水平仪的精度是以气泡偏移一格时，被测平面在 1m 长度内的高度差来表示的。例如水平仪偏移一格，平面在 1m 长度内的高度差为 0.02mm，则水平仪的精度就是 0.02/1000。

水平仪的公差等级见表 1-3。

表 1-3　水平仪的公差等级

公差等级	Ⅰ	Ⅱ	Ⅲ	Ⅳ
气泡移动一格时的倾斜角度 /（″）	4~10	12~20	25~41	52~62
气泡移动一格时 1m 内的倾斜高度差 /mm	0.02~0.05	0.06~0.10	0.12~0.20	0.25~0.30

框式水平仪的读数方法：

1）直接读数法　水准泡在中间位置时读作零。

以零线为基准，气泡向任意一端偏离零线的格数就是实际偏差的格数。

一般在测量中都是由左向右进行测量，把气泡向右移动作为“+”，反之则为“−”。图 1-18 所示水准泡的标尺示值为 +2 格偏差。

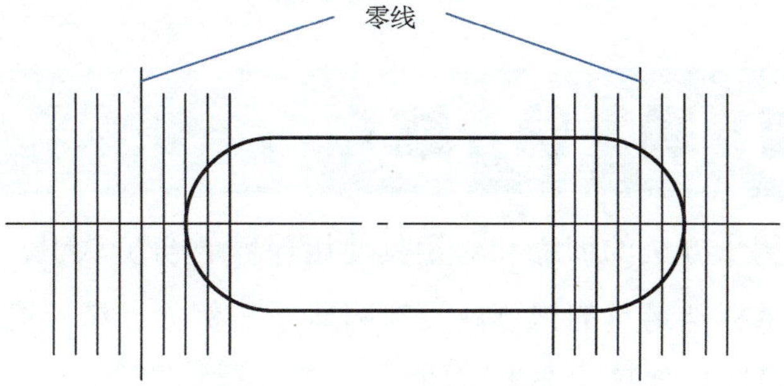

图 1-18　水准泡的标尺示值

2）间接读数法　当水准泡静止时，读出气泡两端各自偏离零线的格数，然后将两格数相加除以 2，所得的平均值即为标尺示值。

使用水平仪的注意事项：

1）零值的调整方法：将水平仪的底工作面与检验平板或被测表面接触，读取第一次读数；然后在原地旋转水平仪 180°，读取第二次读数；两次读数的代数差的 1/2 为水平仪零值误差。

2）普通水平仪的零值正确与否是相对的，只要水平仪的气泡在中间位置，就表明零值正确。

3）测量时，一定要等气泡稳定不动后再读数。

4）由于间接读数法不受温度影响，因此读数时尽量用间接读数法，这样可以使读数值更准确。

4. 量具的维护与保养

为了保证量具的精度，延长量具的使用期限，在工作中应对量具进行必要的维护与保养。

在维护与保养中应注意以下几个方面。

1）测量前应将量具的各个测量面和工件被测表面擦净，以免脏物影响测量精度或磨损量具。

2）量具在使用过程中不要和其他工具、刀具放在一起，以免碰坏。

3）在使用过程中，注意量具与量具不要叠放在一起，以免相互损伤。

4）机床开动时，不要用量具测量工件，否则会加快量具磨损，而且容易发生事故。

5）温度对量具精度影响很大，因此，量具不应放在热源附近，以免受热变形。

6）量具用完后，应及时擦净、上油，放在专用盒中，保存在干燥处，以免生锈。

7）精密量具应进行定期鉴定和保养，发现精密量具有不正常现象时，应及时送交计量室检修。

项目总结

本任务是基本测量方法的训练和对量具使用保养的初步认识，特别是游标卡尺的识读熟练之后，对游标类量具的识读就没有障碍了。例如，游标高度卡尺和游标万能角度尺，它们的测量原理都是一个类型的。

实物测量要将错误测量与正确测量进行对比来认知测量误差。

分组的目的是让学生之间相互纠正错误的测量动作和不良的量具使用习惯。

项目练习

一、判断题

1．通用量具和量仪可以测量一定范围内的任一量值。（　　）

2．游标卡尺测量爪的测量面和尺身等表面若有不平、毛刺、弯曲等情况，操作者应用砂布、锉刀等工具进行修复。（　　）

3．用百分表测量工件时，测量杆的行程可以超出它的测量范围。（　　）

4．当游标卡尺两测量爪贴合时，主标尺和游标尺的零标线要对齐。（　　）

5．游标卡尺主标尺一格与游标尺一格的差值即是该尺的最小读数值。（　　）

6．游标卡尺主标身和游标尺上的标线间距都是 1mm。（　　）

7．游标卡尺是一种常用量具，能测量各种不同精度要求的零件。（　　）

8．0~25mm 千分尺放置时两测量面之间须保持一定间隙。（　　）

9．千分尺活动套管转一周，测微螺杆就移动 1mm。（　　）

10．塞尺也是一种界限量规。（　　）

11．千分尺上的棘轮的作用是限制测量力的大小。（　　）

12．水平仪用来测量平面对水平或垂直位置的误差。（　　）

二、选择题

1．游标卡尺按其分度值可分 _____ mm、0.02mm 和 0.05mm。

a. 0.01　　b. 0.1　　c. 0.2

2．分度值为 0.02/1000 的水平仪，当气泡移动一格时，500mm 长度内高度差为 _____ mm。

a. 0.01　　b. 0.02　　c. 0.04

3．当百分表测头齿杆移动一个齿距时，长指针应转过 _____ 格。

a. 42.5　　b. 52.5　　c. 62.5

4．分度值为 0.02mm 的游标卡尺的读数值为 _____ mm。

a. 0.98　　b. 0.05　　c. 0.02

5．百分表属于 _____。

a. 固定标尺量具　　b. 机械式量仪　　c. 螺旋测微量具

6．在使用杠杆指示表时 _____ 以减小测量误差。

a. 使杠杆测头中心线垂直于被测量表面

b. 使杠杆测头中心线倾斜于被测量表面

c. 使杠杆测头中心线对称于被测量表面

7．千分尺活动套管转 1/2 周，则轴杆同时移动 _____ mm。

a. 0.15　　b. 0.25　　c. 0.5

8．内、外螺纹千分尺用于测量螺纹的 _____ 。

a. 大径　　b. 小径　　c. 中径

9．齿厚游标卡尺的两个主尺位置是 _____ 的。

a. 平行　　b. 垂直　　c. 成60°

10．高度游标卡尺一般用来测高和 _____ 。

a. 测直径　　b. 测齿高　　c. 划线

11．游标卡尺是一种 _____ 的量具。

a. 精度较低　　b. 精度较高　　c. 中等精度

12．常用千分尺测量范围每隔 _____ mm 为一档规格。

a. 25　　b. 50　　c. 100

13．千分尺固定套筒上的标线间距为 _____ mm。

a. 1　　b. 0.5　　c. 0.001

14. 千分尺使用完毕后，维护保养时，应将其 _____ 保存。

a. 加机油　　b. 加轻质润滑油　　c. 加柴油

15. 游标万能角度尺可以测量工件 _____ 范围的任意角度。

a. 0°～180°　　b. 0°～320°　　c. 50°～140°

16. 量具在使用过程中，与工件 _____ 放在一起。

a. 不能　　b. 能　　c. 有时能

三、计算题

当用百分表测量夹紧杆来检验齿轮啮合间隙时，已知：百分表测点距离齿轮轴线为 180mm，空转齿轮齿数 z=60，模数 m=3mm，百分表测量值为 0.3mm，求该圆柱啮合齿轮的侧隙为多少？

项目二

平面划线

项目目标

划线是钳工的基本技能之一，是确定工件加工余量，明确尺寸界限的重要方法。划线分为平面划线和立体划线，按所划线在加工过程中的作用，又分为找正线、加工线和检验线。

本项目是进行平面划线训练，理解划线基准的重要性，熟练使用划线工具和必要的尺寸计算。

项目描述

在 3mm × 500mm × 400mm 的平整钢板上作图，图形布置如图 2-1 所示。

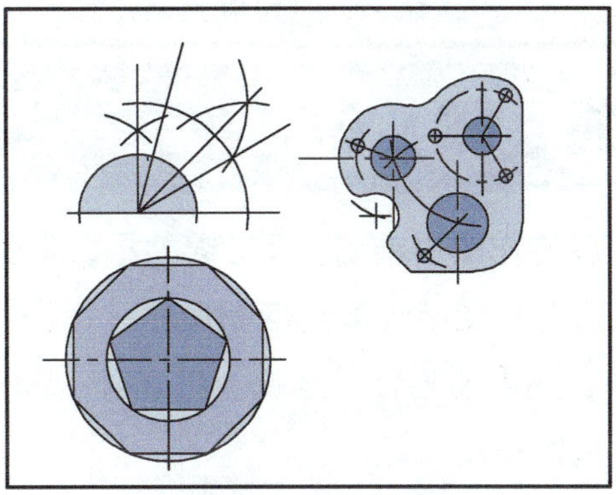

图 2-1　图形布置

作图要求如下：

1）用几何作图法进行角度划线（图 2-2）90° 线、30° 线、45° 线和 75° 线，角度边长 120mm，不标注尺寸，保留必要的作图线。

2）用几何作图法 5 等分小圆、用计算法 8 等分大圆，划线并在等分点上打样冲标记，如图 2-3 所示，不标注尺寸，保留必要的作图线。

3）样板划线。如图 2-4 所示，划出轮廓线和必要的线条，不标注尺寸，在圆心上打样冲。

4）3 个图线条不允许重合。

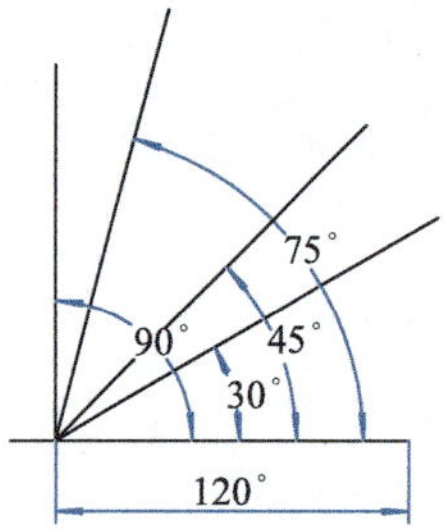

图 2-2 用几何作图法进行角度划线

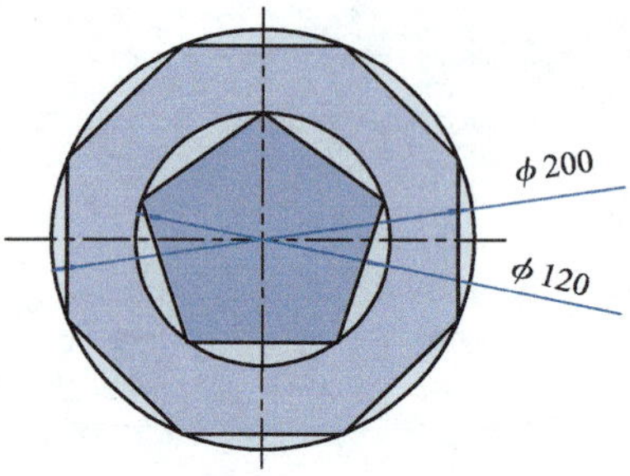

图 2-3 样冲标记

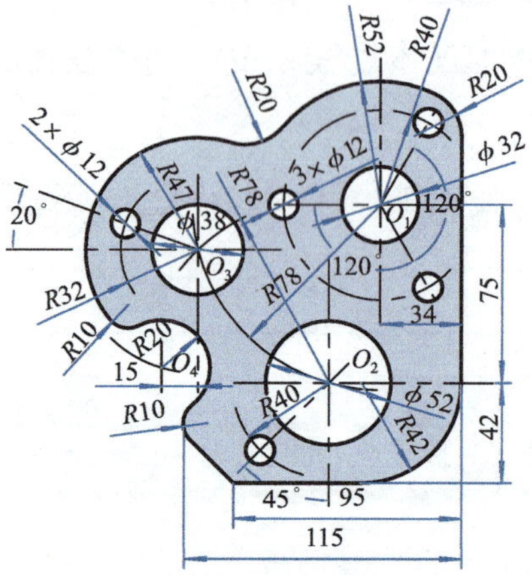

图 2-4 样板划线

相关知识

工量具的正确使用可以使作图更准确，尺寸误差小，曲线过渡平顺，图形精度高。在用作图法的同时也要练习三角函数计算角度和尺寸。

本练习除了计算器外，还需要划针、划规、钢直尺、锤子、样冲等工具。这些工具在不正确使用时会产生划图精度误差。

1. 划针与钢直尺配合划线

划针是用直径 3 ~ 5mm 的工具钢或是头部焊接硬质合金并磨削成 15° ~ 20° 锥状尖角而制成的。使用划针划线时的注意事项如图 2-5 所示。

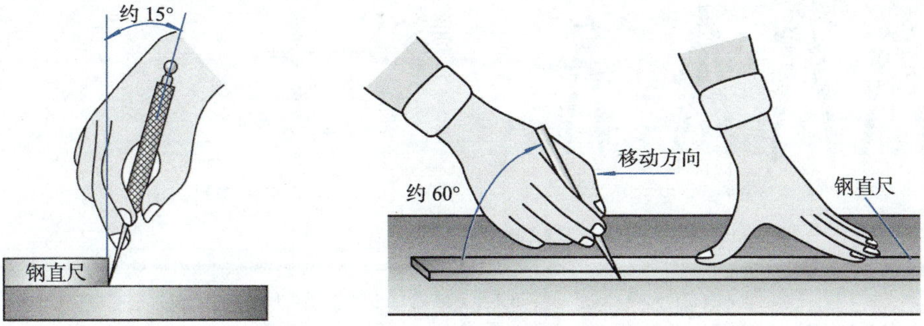

a）　　b）

图 2-5　划针使用

a）针尖向内与钢直尺边缘贴紧　　b）划针朝移动方向倾斜

2. 锤击样冲眼

样冲的正确使用如图 2-6，使用样冲时首先按照图示轻轻敲击，形成一个较浅的样冲眼，观察其是否对正中心，歪斜可找正。

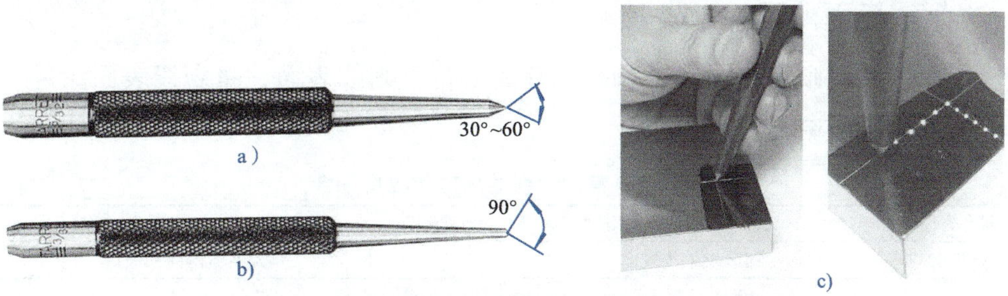

a）　　b）　　c）

图 2-6　样冲的正确使用

a）用于划线冲眼　　b）用于钻孔冲眼　　c）样冲的使用方法

样冲使用时的注意事项：

1）样冲刃磨时应防止过热退火。

2）打样冲眼时冲尖应对准所划线条的正中。

3）样冲眼间距视线条长短曲直而定，线条长而直时，间距可大些，短而曲则间距应小些，交叉、转折处必须打上样冲眼。

4）样冲眼的深浅视工件表面粗糙程度而定，表面光滑或薄壁工件样冲眼打得浅些，粗糙表面打得深些，精加工表面禁止打样冲眼。

3. 划规的使用

划规用于划圆弧、等分线段、等分角度和量取尺寸等，如图 2-7 所示。

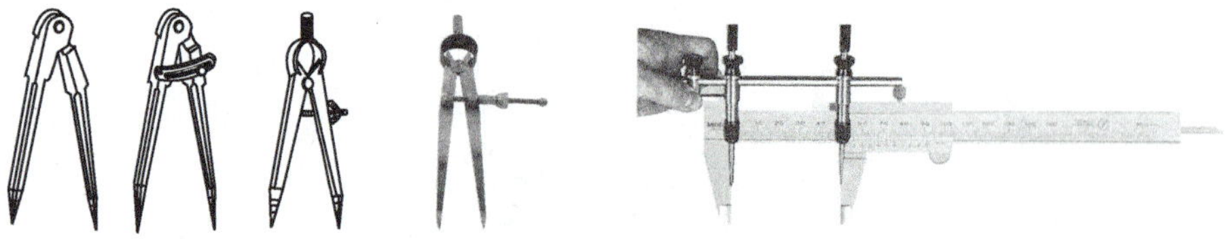

a）　　　　　　　　　　　　b）

图 2-7　划规

a）分规　　　　b）量规在游标卡尺上调整尺寸

划规使用时的注意事项：

1）划规划圆时，作为旋转中心的一脚应施加较大的压力，而施加较轻压力的另一脚在工件表面划线。

2）划规两脚的长短应磨得稍有不同，且两脚合拢时脚尖应能靠紧，这样才能划出较小的圆。

3）为保证划出的线条清晰，划规的脚尖应保持尖锐。

4. 划线表面处理

为了划的线清晰容易辨认，操作前首先要清理划线表面，将划线表面涂色。常用涂料的配方和应用场合见表 2-1。

表2-1　常用涂料的配方和应用场合

名　称	配　料	应用场合
石灰水	石灰水加适量牛皮胶	大中型铸件和锻造毛坯
龙胆紫	（2% ~ 4%）品紫 +（3% ~ 5%）漆片 +（91% ~ 95%）酒精	已加工表面
硫酸铜溶液	100g 水中加入 1 ~ 1.5g 硫酸铜和少许硫酸	形状复杂的工件或已加工表面

项目实施

1. 准备材料

准备 3mm × 500mm × 400mm 的平整钢板，检查钢板，清理划线表面，如图 2-8 所示。

图 2-8　清理钢板划线表面

2. 合理布局

根据尺寸要求将钢板分成三个部分，防止图形布局不合理造成图形重合，如图 2-9 所示。

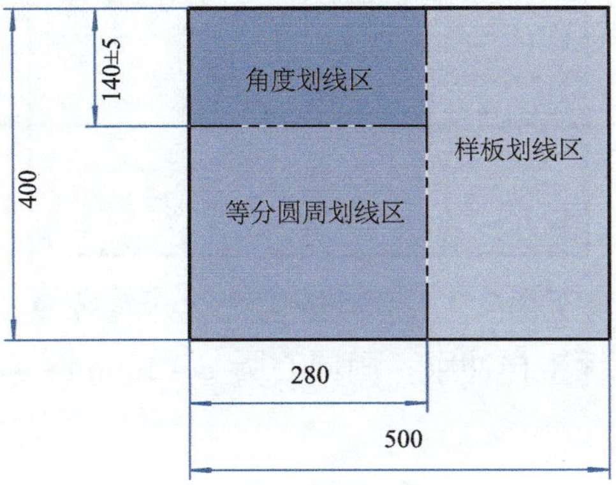

图 2-9　钢板布局划分

3. 角度划线（不标注尺寸，保留必要的作图线）

工具：300mm 钢直尺、150mm 划规、划针、样冲和锤子。

1）用钢直尺和划针划一直线。

2）用作图法划 90° 垂线。为了划规更好定位，在圆心处打样冲。画法如图 2-10 所示。

3）用划规划出 30° 、45° 和 75° 线。画法如图 2-11 所示。

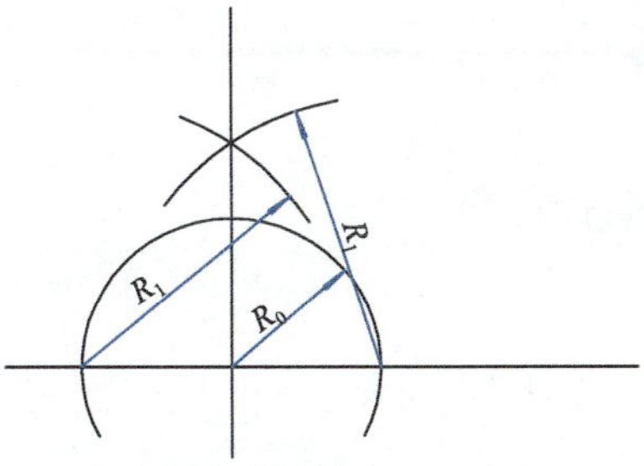

图 2-10　垂直划线

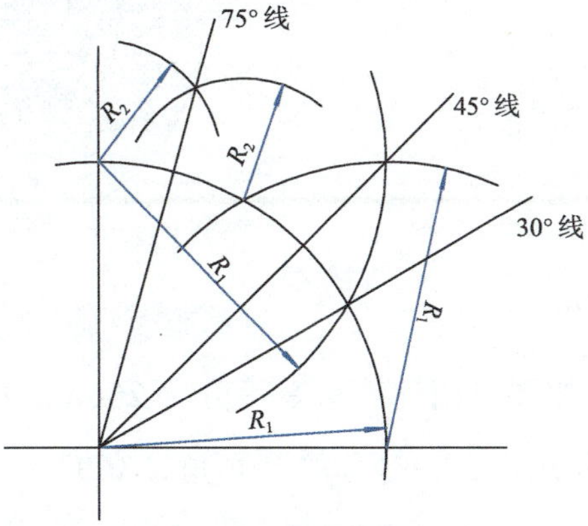

图 2-11　角度划线

4. 等分圆周（不标注尺寸，保留必要的作图线）

工具：计算器、300mm 钢直尺、划针、150mm 划规、样冲和锤子。

1）在钢板相应部位画互相垂直的中心基准线，如图 2-12 所示。

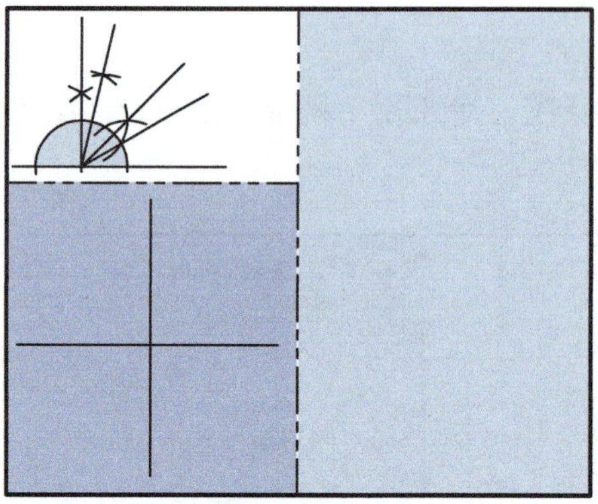

图 2-12　划互相垂直的中心基准线

2）在中心线交点处锤击样冲眼，画同心圆 ϕ120mm、ϕ200mm，直径误差应小于 0.1mm。

3）按要求用作图法 5 等分 ϕ120mm 的圆，如图 2-13 所示。

①按图示步骤 $R_1 \rightarrow R_2 \rightarrow R_3$，$R_3$ 为 5 边形边长。

②在等分点位置打上样冲眼。划线时要注意划规取线准确，累积误差应小于 0.5mm。

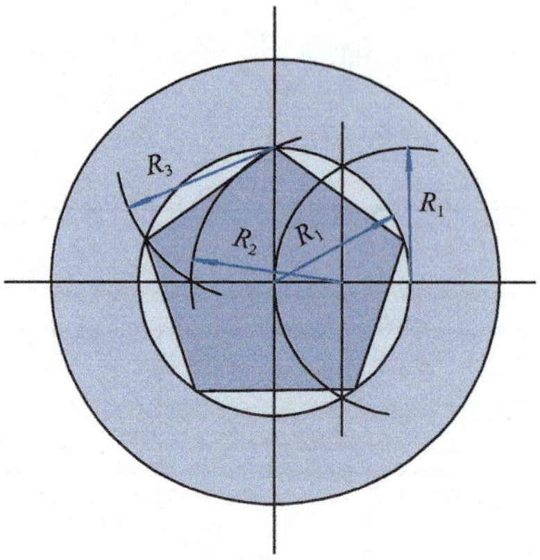

图 2-13　5 等分 ϕ120mm 的圆

4）按要求用计算法 8 等分 ϕ200mm 的圆。

①先求出每一等分的圆心角，360°/8=45°，如图 2-14 所示。

②根据图示 AB=100mm × sin22.5°=38.27mm，如图 2-14 所示。

③ 8 等分边长 $AC=R_4$=38.27mm × 2=76.54mm，已知 45° 直角三角形斜边是直角边的 $\sqrt{2}$ 倍，$\sqrt{2}$ =1.4142，4 等分 R100 的圆，即得出边长为 100 × 1.4142=141.42mm，计算 22.5° 弦长 AD=2 × 100mm × sin11.25° =39.02mm，如图 2-15 所示。

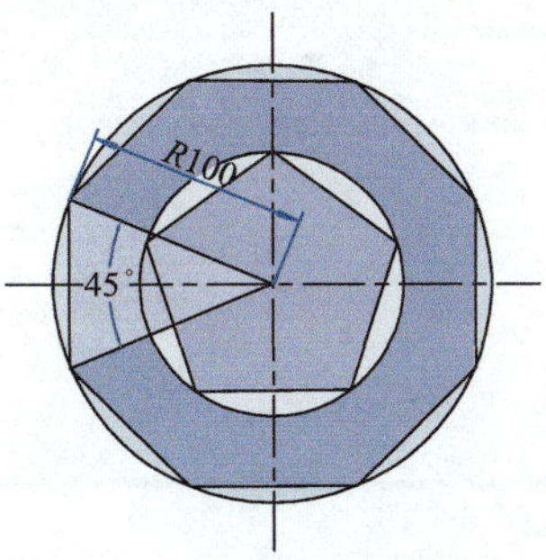

图 2-14　等分 ϕ200mm 的圆

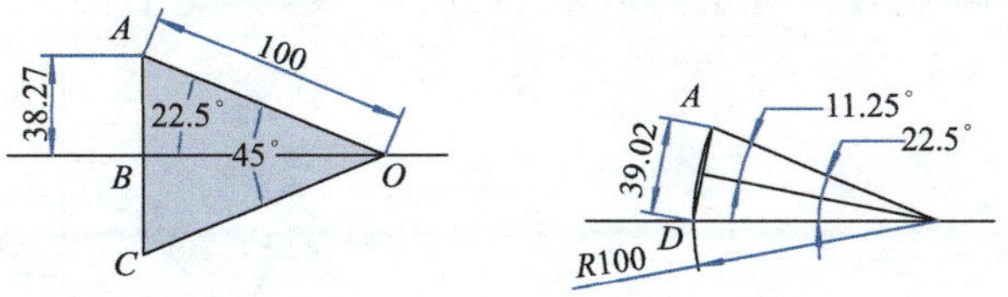

图 2-15　作弦长 *AD*

④由于图形与要求相符，用划规由水平基准 *D* 点截取 39.02mm（取 39mm）得到 *A* 点。然后以弦长 141.42mm（取 141.4mm）分 4 等分，再取弦长 76.54mm（取 76.5mm）8 等分。此种分法的目的是减少误差，提高精度。画法如图 2-16 所示。

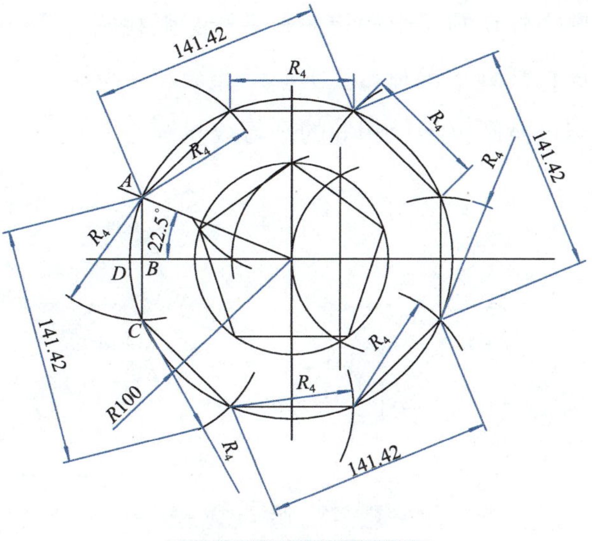

图 2-16　等分弦长

⑤划线要细心，截取尺寸各点时要点与点重合、首尾重合，误差应小于 0.5mm。

⑥在等分点位置打上样冲眼。

5. 样板划线（不标注尺寸，保留必要的作图线）

工具：300mm 钢直尺、划针、150mm 划规、样冲和锤子。

根据分析得出划线样板的基准除了互相垂直的外轮廓线外，还有点 O_1、O_2、O_3 和 O_4 基准。划线时找到这些基准即可画出图。

（1）划出基准（图 2-17）

1）划出互相垂直的外轮廓基准线（用粗实线表示），在基准线上按照尺寸 42mm、75mm、34mm 确定 O_1。

2）根据尺寸 42mm、R78mm、O_1 确定 O_2。

3）根据尺寸 R78mm、O_1、O_2 确定 O_3。

4）根据尺寸 R52mm、15mm、O_3 确定 O_4。

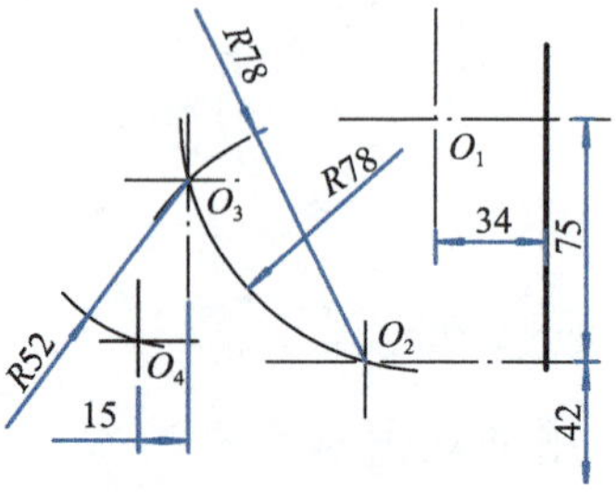

图 2-17　划出基准

（2）圆弧过渡（图 2-18）

1）圆弧过渡应遵守外切圆弧半径相加画平行圆弧找圆心。

2）内切圆弧半径相减画平行圆弧找圆心。

3）直线过渡画与过渡圆弧半径相等的平行线找圆心。

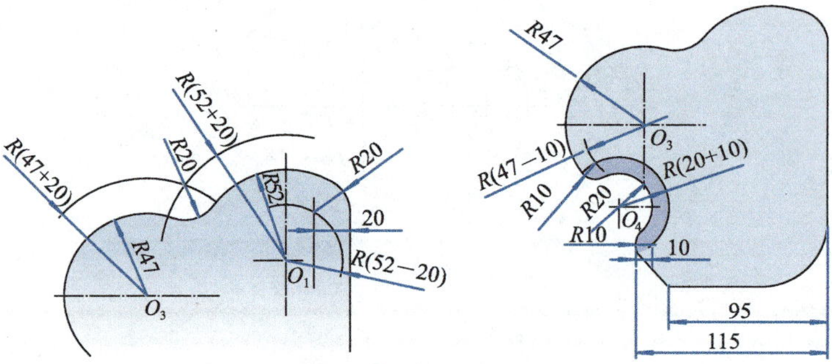

图 2-18　圆弧过渡

（3）20° 角划线（图 2-19）

计算弦长 $AB=2\times 32\text{mm}\times \sin 10^\circ\ =11.1\text{mm}$

以 A 点在 R32mm 圆弧上取 11.1mm 得到 20° 角度线 ϕ12mm 的圆心。

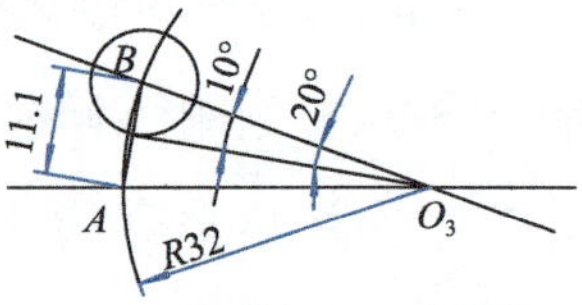

图 2-19　20° 角划线

（4）完成样板划线　完成的样板划线如图 2-20 所示。

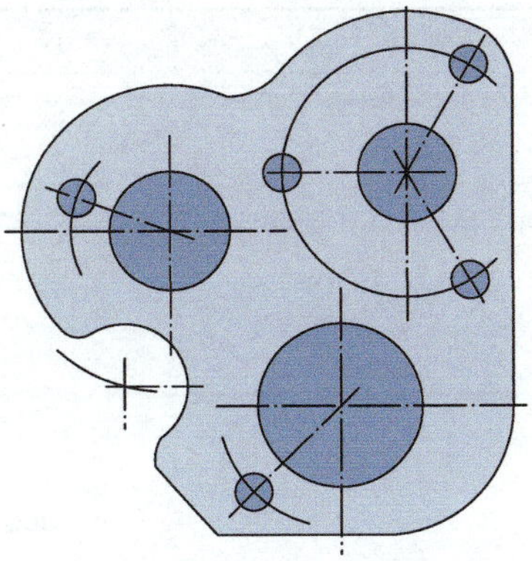

图 2-20　完成样板划线

6. 检查线条过渡和尺寸

项目评价

平面划线任务评分表见表 2-2。

表2-2　平面划线任务评分表

班级：________　姓名：________

序号	项目任务		配分	评分标准	自评	得分
1	角度划线(20%)	基准准确	5	超 0.5mm 不得分		
2		划线步骤正确	5	漏、错线不得分		
3		角度准确	10	角度线每偏差 1° 扣 2 分		
4	等分圆周(20%)	基准准确（ϕ200mm、ϕ120mm）	2×4	每处超 0.5mm 扣 4 分		
5		五边形作图步骤正确	4	漏、错线不得分		
6		作图尺寸准确	8	每处尺寸偏差 0.5mm 扣 2 分		
7	样板划线(45%)	基准准确	7×3	超 0.5mm 不得分		
8		尺寸准确	18	尺寸偏差大于 0.5mm 每处扣 2 分		
9		图线连接圆滑	6	每处图线连接偏差 0.2mm 扣 2 分		
10	职业素质(15%)	团队合作	5	有违反视情节扣 1 ~ 5 分		
11		遵守纪律	5	有违反视情节扣 1 ~ 5 分		
12		迟到早退	5	有迟到早退现象扣 5 分		
13	安全文明操作		操作期间违反安全秩序规定视情况扣 5~10 分			

（续）

序　号	项目任务	配　分	评分标准	自　评	得　分
自评总分					
教师评价	得分：				

知识拓展

划线分为平面划线和立体划线。平面划线是指在工件的一个表面（即工件的二维坐标体系内）上划线就能表示出加工界线的划线；立体划线是指在工件的几个不同表面（即工件的三维坐标体系内）上划线，以明确表示出加工界线的划线。

1. 划线的要求及作用

划线的基本要求是线条清晰均匀，定形、定位尺寸准确，一般要求划线精度达到0.25 ~ 0.5mm。在立体划线中还应注意使长、宽、高 3 个方向的线条互相垂直。应当注意，工件的加工精度（尺寸、形状精度）不能完全由划线确定，而应在加工过程中通过测量来保证。

划线的主要作用有：

1）确定工件的加工余量，使加工有明显的尺寸界限。

2）在机床上装夹复杂工件时，可按划线找正、定位。

3）能及时发现和处理不合格的毛坯。

4）当毛坯误差不大时，可以采用借料划线的方法来补救，从而提高毛坯的合格率。

2. 划线的工具（图 2-21）与使用方法

①基准工具　划线平板又称为划线平台，是在划线中最主要的基准工具 。

②支承夹持工具　支承夹持工具有 V 形块、垫铁、角铁、方箱和千斤顶等。

③划线工具　划线工具有划针、划规、划卡、划线盘和样冲等。

④划线量具　划线量具有钢直尺、游标高度卡尺、游标万能角度尺和直角尺等。

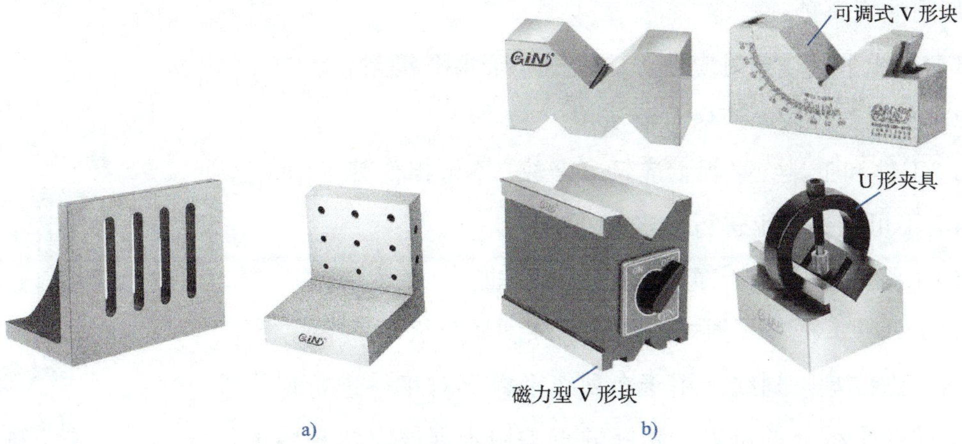

图 2-21　划线的工具

a) 角板　　b) V 形块的种类

（1）钢直尺　钢直尺是一种简单的尺寸量具，在尺面上刻有标尺标记，最小标记间隔为 0.5mm，它的长度规格有 150mm、300mm、500mm 和 1000mm 等多种。主要用于量取尺寸、测量工件，也可以作画直线的导向工具，如图 2-22 所示。

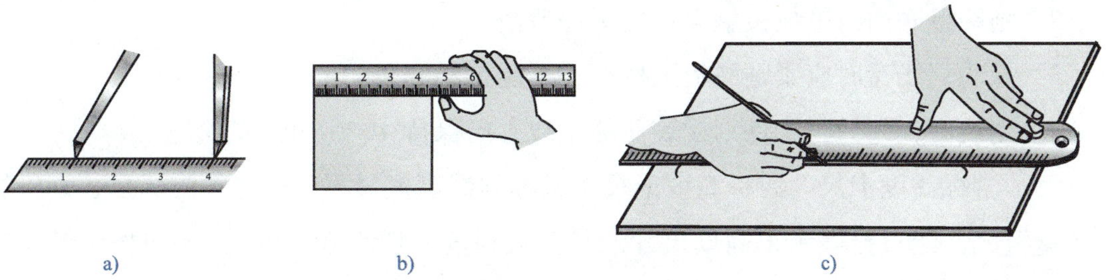

图 2-22　钢直尺

（2）划线平板　划线平板由铸铁制成，工作表面经过刮削加工，作为划线时的基准平面。图 2-23 所示为铸铁平板和花岗岩平板。

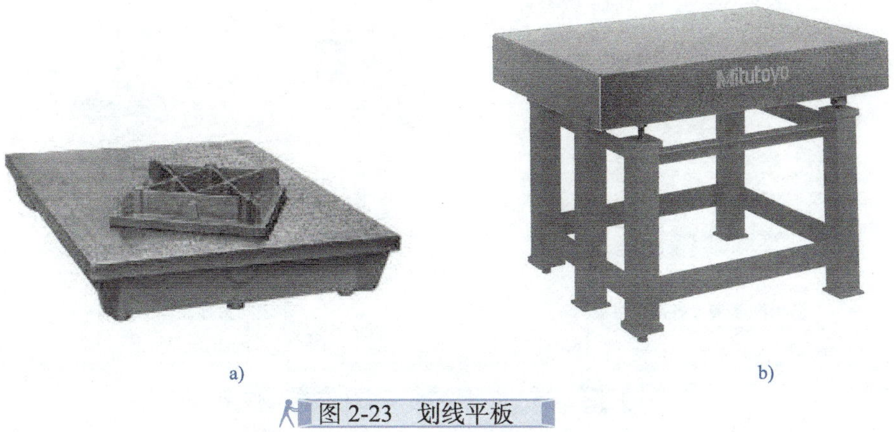

图 2-23　划线平板

a) 铸铁平板　　b) 花岗岩平板

使用注意事项：

1）划线平板放置时应使工作表面处于水平状态。

2）平板工作表面应保持清洁。

3）工件和工具在平板上应轻拿轻放，不可损伤其工作表面。

4）不可在平板上进行敲击作业。

5）用完后要擦拭干净，并涂上防锈油。

（3）划针、样冲、划规　前面训练已经介绍。

（4）划线盘　划线盘用于在划线平板上对工件进行划线或找正工件在平板上的位置。划针的直头用于划线，弯头用于找正，如图2-24所示。

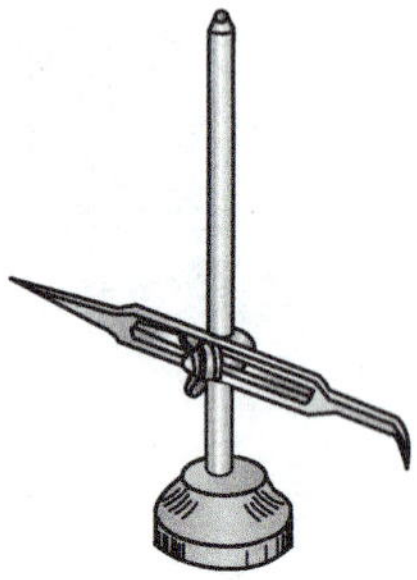

图2-24　划线盘

使用注意事项：

1）用划线盘划线时，划针伸出夹紧装置以外不宜太长，并要夹紧牢固，防止松动且应尽量接近水平位置夹紧划针。

2）划线盘底面与平板接触面均应保持清洁。

3）拖动划线盘时应紧贴平板工作面，不能摆动和跳动。

4）划线时，划针与工件划线表面的划线方向保持40°~60°的夹角。

（5）游标高度卡尺　游标高度卡尺（又称划线高度尺）由尺身、游标尺、划针脚和底盘组成，能直接表示出高度尺寸，其读数精度一般为0.02mm，一般作为精密划线工具使用，其结构与使用如图2-25所示。

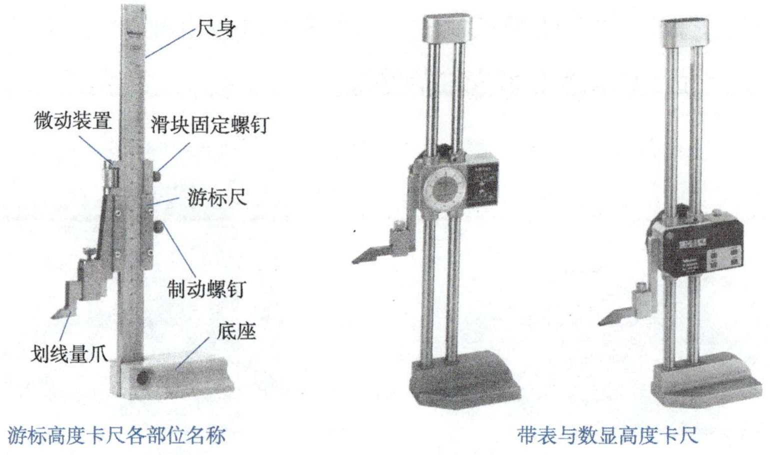

a）

图2-25　游标高度卡尺的结构与使用

a）游标高度卡尺的结构

游标高度卡尺置于平板做归零检查

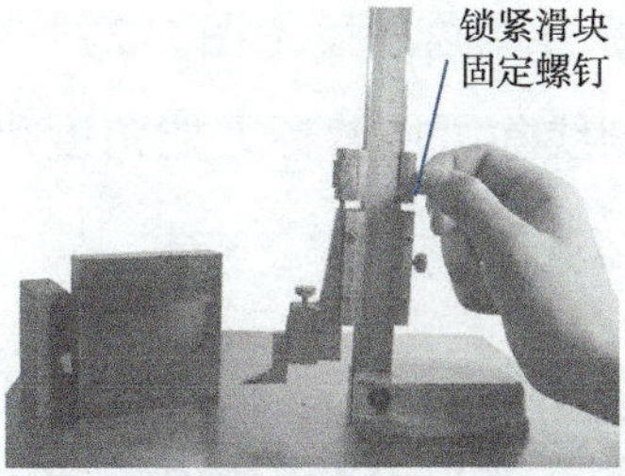

划线量爪移至大概高度后，锁紧滑块固定螺钉

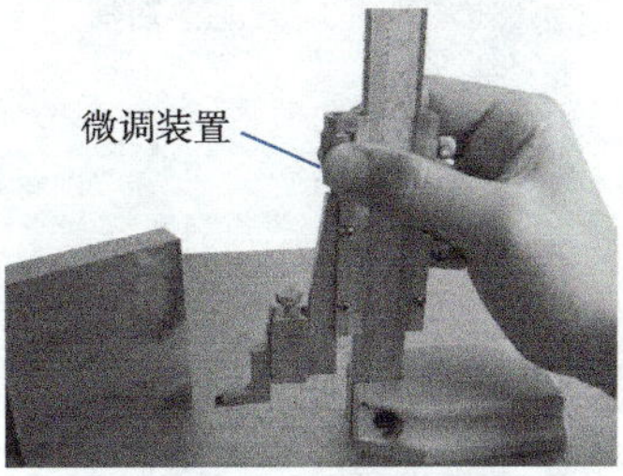

转动微调装置，微调至正确高度

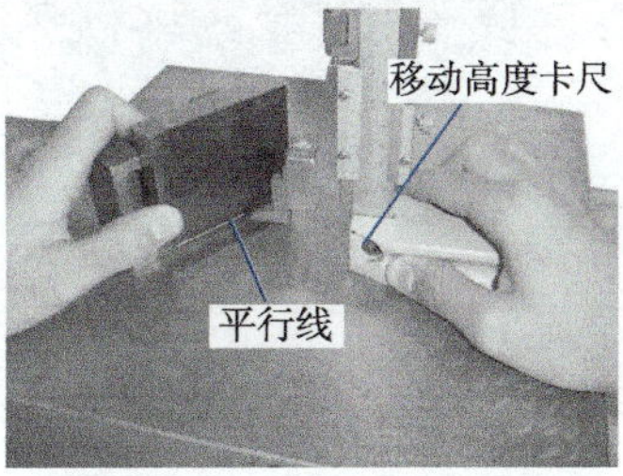

移动高度卡尺且适度施力，划出平行线

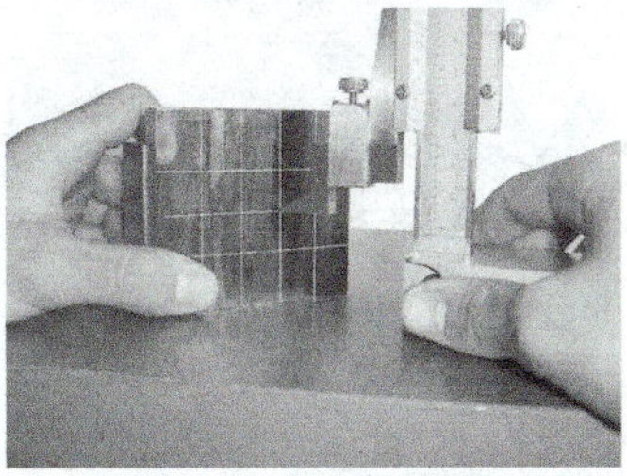

用游标高度卡尺画垂直线

由 V 形块辅助划出有角度的线条

b）

图 2-25　游标高度卡尺的结构与使用（续）

b）游标高度卡尺的使用

使用注意事项：

1）游标高度卡尺作为精密划线工具，不得用于毛坯表面粗糙的划线。

2）用完以后应将游标高度卡尺擦拭干净，涂油装盒保存。

（6）直角尺　直角尺在划线时用作划垂直线或平行线的导向工具，也可用于找正工件表面在划线平板上的垂直位置，如图 2-26 所示。

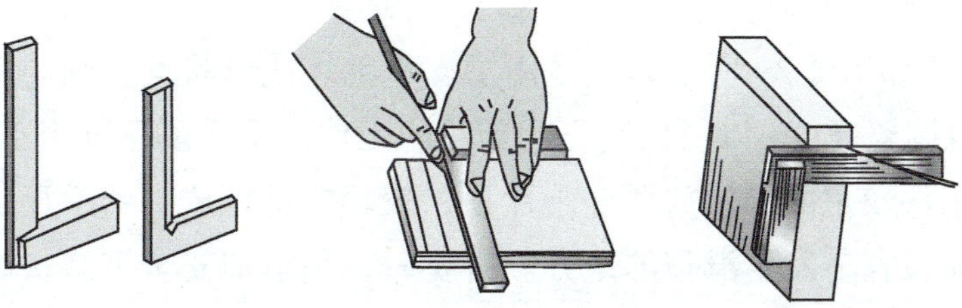

a)　　b)　　c)

图 2-26　直角尺

（7）游标万能角度尺（图 2-27） 测量角度的量具是游标万能角度尺，如图 2-27 所示。角度划线除了用游标万能角度尺划线，也可用直角三角形边长尺寸来划角度线，如图 2-28 所示。

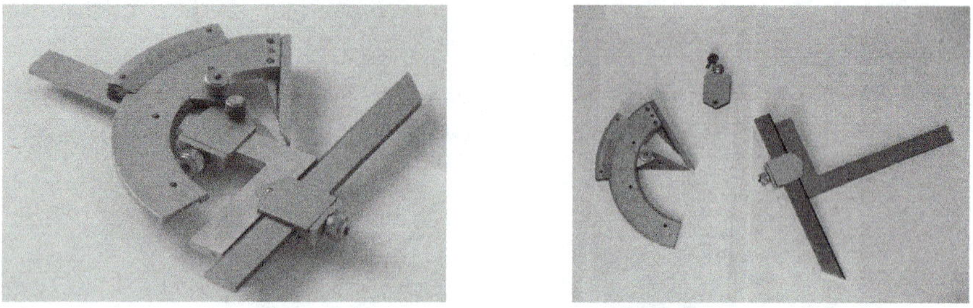

a）

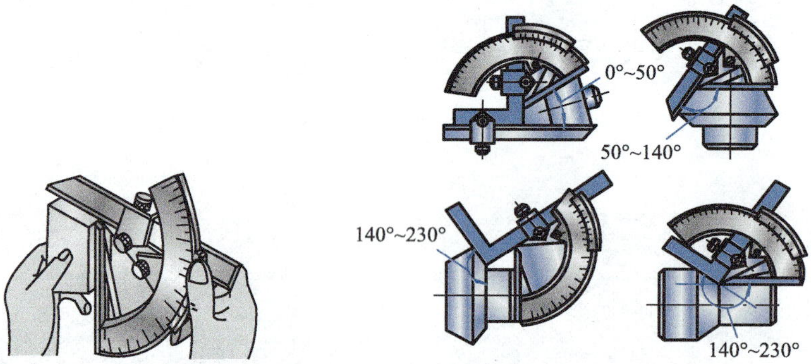

b）

图 2-27 游标万能角度尺的结构和应用

a）游标万能角度尺的结构　　b）游标万能角度尺的应用

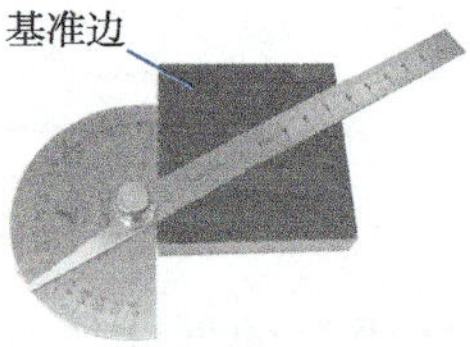

a）

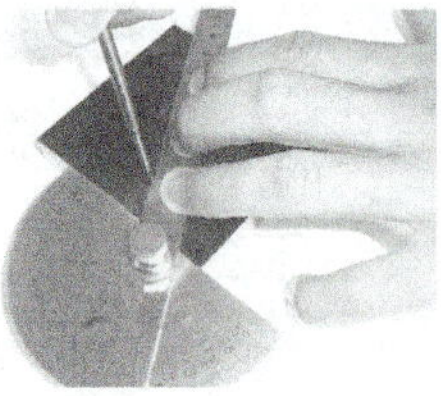

b）

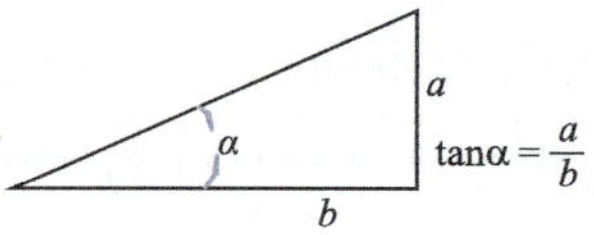

c）

图 2-28 角度划线

a）量角器的半圆形叶片紧贴基准边　　b）同钢直尺划直线方式划出角度线　　c）坐标点的计算

（8）千斤顶和斜垫铁

1）千斤顶如图 2-29 所示，它是用于支承毛坯或形状不规则的工件进行立体划线的工具。它可调整高度，以便安装不同形状的工件。千斤顶还可用于调整工件的水平。

一般在工件较重的部位放两个千斤顶，较轻的部位放一个千斤顶。工件的支承点尽量不要选择在容易发生滑移的地方。必要时，须附加安全措施，如在工件上面用绳子吊住或在工件下面加辅助垫铁，以防工件滑倒。调整高度时，应用调整棒调整，严禁用手转动。

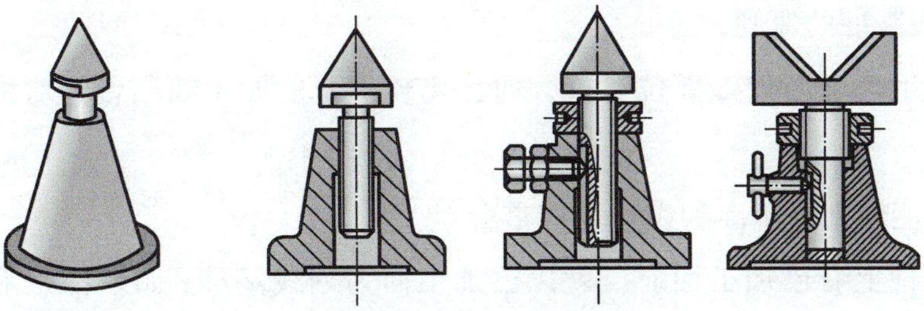

图 2-29　千斤顶

2）斜垫铁又称楔铁，如图 2-30 所示，是用于支承和垫高毛坯的工具，能对工件的高低作少量的调节。一般用中碳钢经刨削加工制成，斜度约为 15°，可两件对合使用或配合垫铁使用。某些大型毛坯件划线时，在不宜使用千斤顶时，使用斜垫铁比较可靠。

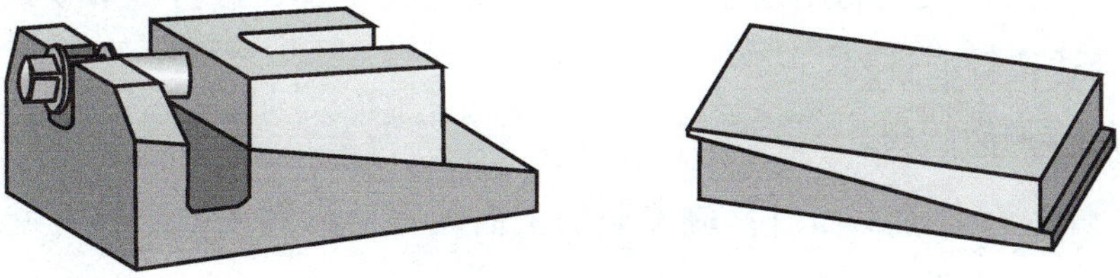

图 2-30　斜垫铁

3. 划线前的准备

1）工件的清理。

2）工件的检查。

3）工件的涂色。

4）工件孔装的中心塞块，如图 2-31 所示。

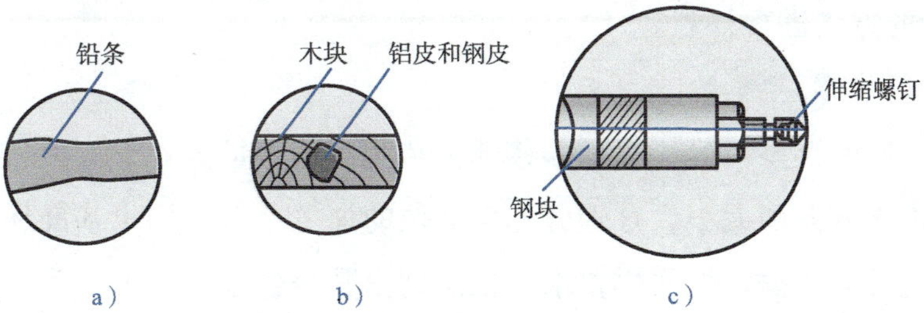

图 2-31　中心塞块

a）铅塞块　　b）木塞块　　c）可调塞块

4. 划线基准的选择

划线时用于确定零件上其他点、线、面位置的依据，称为划线基准。

选择划线基准的原则：

1）选择毛坯上与加工部位有关，而且比较直观的面（如凸台、对称中心等）作为划线基准。

2）尽可能使划线基准和设计基准重合。

3）当工件上有已加工面时，就以已加工面为划线基准；如果都是毛坯表面，应以较平整的大平面作为划线基准，但只能首次划线时使用。

划线时，在工件的每一个方向都需要选择一个划线基准。因此平面划线一般选择两个划线基准；立体划线一般选择三个划线基准。

5. 划线找正与借料

（1）找正　找正就是利用划线盘和直角尺等划线工具，通过调节支承工具，使毛坯表面处于合适位置的过程。

找正时应注意的问题：

1）当工件上有非加工面时，应按非加工面找正后再划线，这样可使加工面与非加工面之间保持尺寸均匀。

2）当工件上有两个以上的不加工面时，应选重要的或较大的不加工面为找正依据，并兼顾其他不加工面，这样可使划线后加工面与不加工面之间尺寸比较均匀。

3）当工件上没有不加工面时，通过对各加工面自身位置的找正后再划线，可使各加工面的加工余量得到合理分配。

（2）借料　当铸件和锻件毛坯形状复杂时，毛坯制件常会产生尺寸、形状和位置方面的缺陷，当按找正基准进行划线时，就会出现某些部位加工余量不够的问题，这时就要用借料的方法进行补救。

借料的一般步骤：

1）测量工件的误差情况，找出偏移部位和测出偏移量。

2）确定借料方向和大小，合理分配各部位的加工余量，划出基准线。

3）以基准线为依据，按图样要求，依次划出其余各线。

6. 平面划线

1）仔细阅读图样，详细了解工件上需要划线的部位，清楚划线部位的作用、要求及相关的加工工艺。

2）检查毛坯是否合格，并给毛坯涂色。

3）选定划线基准。

4）正确安放毛坯并找正。

5）选择划线工具。

6）划线。

7）详细检查划线的准确性及是否有漏划线条。

8）在线条上打样冲眼。

7. 立体划线

立体划线除了应用平面划线的知识外，还要注意对图样提出的技术要求和工件加工工艺的理解，明确各种基准的位置以及安放、找正的方法。对复杂的工件，往往需要分多次划线。对毛坯进行的第一次划线，经过切削加工后，再进行划线，称为第二次划线和第三次划线等。

常用的立体划线方法有四种，直接翻转划线法、顶垫划线法、直角铁划线法和仿形划线法。

（1）直接翻转划线法　如图 2-32 所示，将工件安装在方箱或 V 形块上，划完一个平面后，再划另一个平面的线。直接翻转划线法装夹方便，划线准确，一般用于小型工件的划线。

（2）顶垫划线法　如图 2-33 所示，用千斤顶或其他垫铁夹具等将工件支承起来，进行找正划线。采用顶垫划线法，工件调整方便，但找正比较慢，一般用于中型工件的划线。

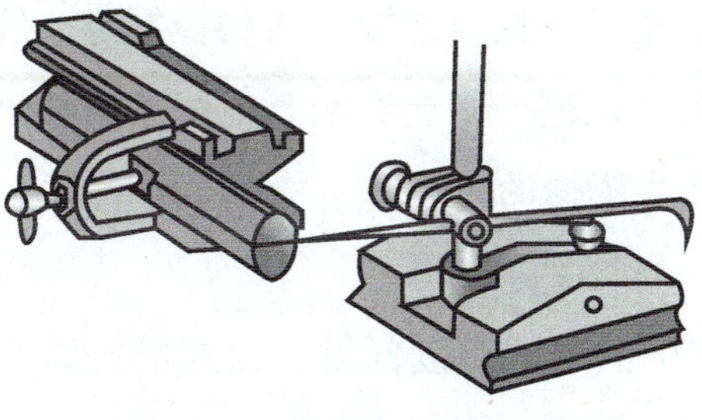

图 2-32　直接翻转划线法

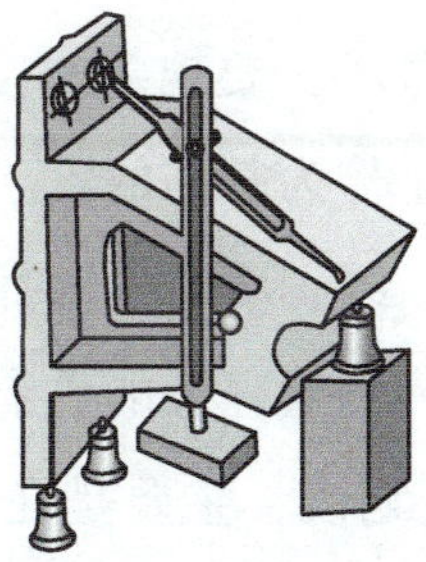

图 2-33　顶垫划线法

（3）直角铁划线法　如图 2-34 所示，将划线盘底面紧贴直角铁对工件进行划线。直角铁划线法划线方便、可靠，用于中小型工件划线。

（4）仿形划线法　如图 2-35 所示，将失效件或成品件与毛坯同时放在平板上，一起进行支承、找正、调整、借料、涂色和划线。采用这种方法可以直观地划出与基准件相同的尺寸和形状的工件。仿形划线法划线迅速准确，常用于中小型工件的维修划线。

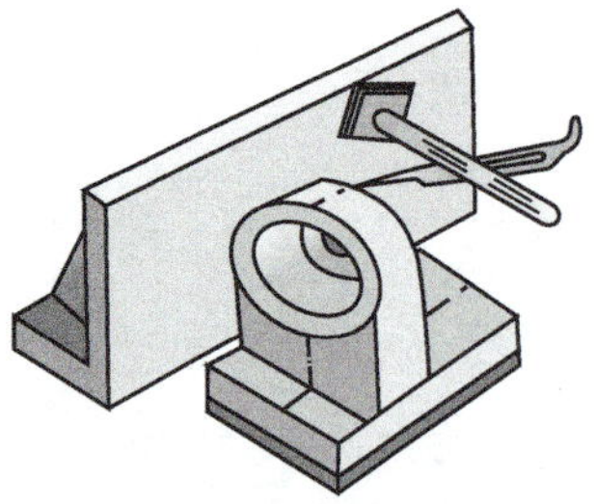

图 2-34　直角铁划线法

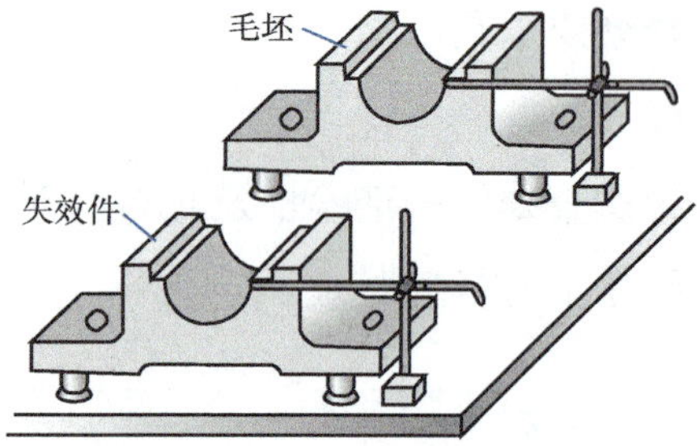

图 2-35　仿形划线法

立体划线的一般步骤：

1）根据图样详细了解加工部位的作用、技术要求及加工工艺。

2）检查毛坯，看是否需要借料。

3）按工件特征，选择划线工具。

4）确定毛坯放置的最佳方位，便于支承、找正和划线。

5）确定互成角度各划线表面的划线先后顺序，并划出三个方向基准线。

6）先划水平线、中心线、垂直线和斜线，再划圆、圆弧及曲线等。

7）复查全部划线尺寸，检查是否有错划和漏划线条。

项目总结

平面划线是立体划线的基础。

划线任务不仅要规范的使用工具、量具，而且还要严格的控制点、线、面的尺寸精度。特别是作为基准的点、线、面若有误差，则会影响其他线条的精度，因为所有的尺寸和点、线、面的位置都是以基准为依据的。

本次平面划线任务的重点：

1）角度划线，主要是在几何作图中的划线精度问题，划规的规脚与圆心位置的重合度直接影响角度的准确性，重合度越高，角度越准确。

2）等分圆周需要精确地画图，工程上的角度一般都以尺寸的方式表示，所以三角函数计算角度需要灵活运用，为了提高画图的精度，需要多方面进行尺寸的运算，同时也检验了尺寸的正确性。为了消除尺寸的累积误差，划分尺寸时应以总尺寸、分尺寸到小尺寸的顺序方式进行。

3）样板划线要注意的是基准和基准点在划线中的重要性与圆弧过渡的加减半径找圆心的方法。

4）通过本次划线训练和知识拓展的内容，思考划线基准和找正之间的联系。

项目练习

一、判断题

1. 划线平板平面是划线时的基准平面。（　　）
2. 划线前在工作划线部位应涂上较厚的涂料，才能使划线清晰。（　　）
3. 划线蓝油是由适量的甲紫、虫胶漆和酒精配制而成。（　　）
4. 划线应从基准开始。（　　）
5. 利用分度头划线，当手柄转数不是整数时，可利用分度差一起进行分度。（　　）
6. 划线时用来确定工件各部分尺寸、几何形状及相对位置的依据称为划线基准。（　　）
7. 划线时，千斤顶主要用来支承半成品工件或形状规则的工件。（　　）
8. 利用方箱划线，工件在一次安装后，通过翻转方箱，可以划出三个方向的尺寸线。（　　）
9. 划线时，划出的线条除要求清晰均匀符合要求外，最重要的是保证尺寸准确。（　　）
10. 在需要精加工的已加工表面上划线时，用硫酸铜溶液作涂料。（　　）
11. 采用样板划线的方法，适用于形状简单、精度要求高和加工面少的工件。（　　）
12. 划线质量与平台的平整性有关。（　　）
13. 划高度方向的所有线条，划线基准是水平线或水平中心线。（　　）
14. 为了减少有些工件的翻转次数，其垂直线可利用角铁或直角尺一次划出。（　　）
15. 在制作板材制件时，往往先要按图样在板材上画成展开图，才能进行落料和弯形。（　　）
16. 立体划线一般要在长、宽、高三个方向上进行。（　　）
17. 立体划线时，工件的支持和安置方式不取决于工件的形状和大小。（　　）

18．我们常用的拉线与吊线法，可在第一划线位置上把各面的加工线都划好，完成整个工件的划线任务。（　）

19．划线是零件加工过程中的一个重要工序，因此通常能根据划线直接确定零件加工后的尺寸。（　）

20．大型工件划线时，应选定划线面积较大的位置作为第一划线位置，这是因为在找正工件时，较大面比较小面准确度高。（　）

21．畸形工件划线时，当工件的重心位置落在支承面的边缘部位时，必须相应加上辅助支承。（　）

22．当第一划线位置确定后，若有两个安置基面可以选择时，应选择工件重心低的一面作为安置基面。（　）

23．箱体划线时，若箱体内壁不需要加工，只要找正箱体外表面的部位即可划线，内壁可不用考虑。（　）

24．经过划线确定了的尺寸界限，在加工过程中，应通过加工来保证尺寸的准确性。（　）

二、选择题

1．立体划线要选择 ____ 划线基准。

a．一个　　b．二个　　c．三个

2．零件两个方向的尺寸与其中心线具有对称性，且其他尺寸也从中心线起始标注，该零件的划线基准是 ____。

a．一个平面和一条中心线

b．两条相互垂直的中心线

c．两个相互垂直的平面（或线）

3．使用千斤顶支承划线工件时，一般 ____ 为一组。

a．两个　　b．三个　　c．四个

4．划线时，应使划线基准与 ____ 一致。

a．设计基准　　b．安装基准　　c．测量基准

5．在以加工表面划线时，一般使用 ____ 涂料。

a．白喷漆　　b．涂粉笔　　c．蓝油

6．在 F 11125A 万能分度头上将工件划 8 等分，求每划一条线后，手柄应转过 ____ 后再划第二条线。

a. 2 周　　b. 4 周　　c. 5 周

7. 分度头手柄转一周，装夹在主轴上的工件转 ____ 周。

a. 40周　　b. 1/40周　　c. 1周

8. 在铸锻件毛坯表面上进行划线时，可使用 ____。

a. 甲紫　　b. 硫酸铜溶液　　c. 石灰水

9. 划线时，千斤顶主要用来支承 ____工件。

a. 圆柱形轴类或套类

b. 形状不规则的毛坯

c. 形状规则的半成品

10. 划线时，选用未经切削加工过的毛坯面作为基准，使用次数只能为 ____ 次。

a. 1　　b. 2　　c. 3

11. 平面划线要选择 ____ 个划线基准。

a. 1　　b. 2　　c. 3

三、简答题

1. 常见的尺寸基准有哪三种？什么叫划线基准？划线基准可分为哪几类？

2. 什么是平面划线？什么是立体划线？

3. 箱体工件划线必须掌握哪些原则？

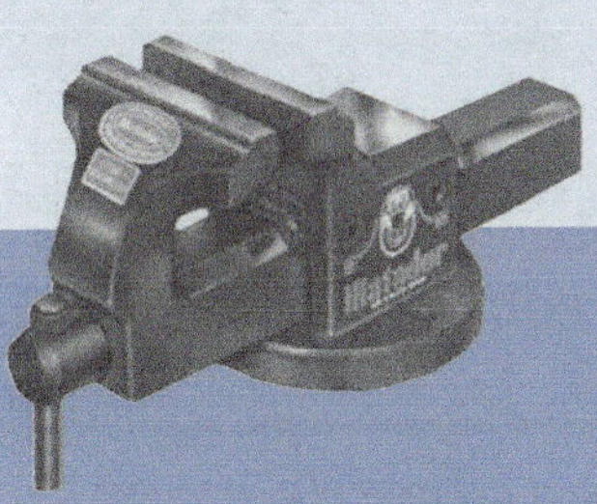

项目三

钢 板 锯 削

项目目标

手工锯削是钳工要掌握的最基本的技能之一，划线之后的粗加工往往是锯削工序，所以锯削工序的质量好坏可以影响进一步加工的难易程度。

了解手工锯削工艺，掌握锯削的基本操作，理解操作中锯削的工艺余量。

项目描述

图 3-1 所示为锯削练习尺寸图。钢板尺寸为 10mm × 70mm × 110mm，经过划线、手工锯削等工序，形成锯缝有一定尺寸要求的工件。

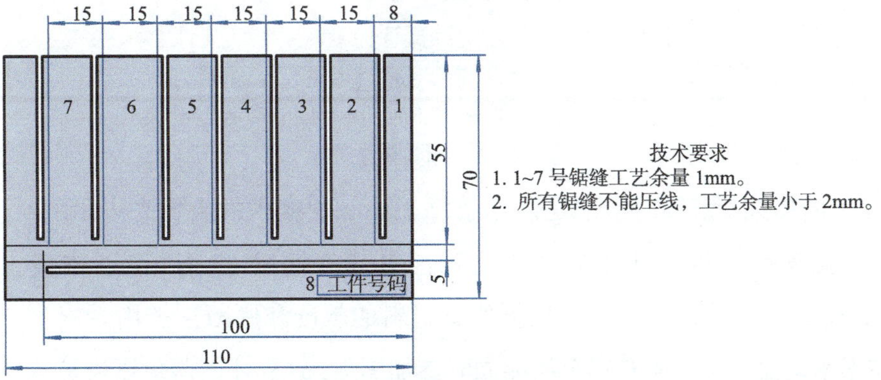

图 3-1　锯削练习尺寸图

用划针按照图示尺寸在 10mm × 70mm × 110mm 钢板划出线条，作为锯削和检测基准线。锯削顺序按照图示序号进行，注意工艺余量。

相关知识

根据图示要求，锯削缝要直，同时要与锯削缝平行，且距离所划线保持一定的距离，由于钢板存在 10 mm的厚度，应正反面划线，锯削时进行前后观察参照检查，防止锯削缝偏斜。

手工锯削的质量要达到图示的要求，则一定要了解有关手工锯削的相关知识。

1. 手锯

手锯由锯弓和锯条两部分组成。

（1）锯弓　锯弓用于安装和张紧锯条，有固定式和可调节式两种，如图 3-2 所示。

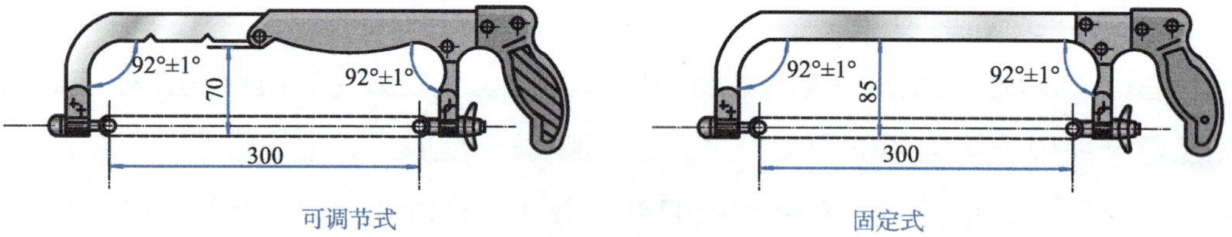

图 3-2　手锯

（2）锯条　锯条一般用渗碳软钢冷轧而成，经热处理淬硬。锯条的长度以两端安装孔中心距来表示，常用的为 300mm。

1）锯条角度：锯条的一边有交叉形或波浪形排列的锯齿，它的切削角度如图 3-3 所示。其前角 γ_0=90°，后角 α_0=40°，楔角 β_0=50°。

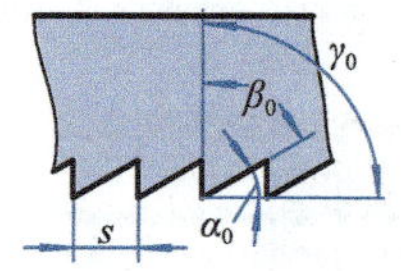

图 3-3　锯条角度

2）锯齿的粗细：锯齿的粗细是以锯条每 25mm 长度内的齿数来表示的。

如果根据锯条锯齿和牙距的大小，锯齿可分为细齿（1.1mm）、中齿（1.4mm）和粗齿（1.8mm）三种，使用时应根据所锯材料的软硬和厚薄来选用。

3）在锯削截面上至少应有三个齿能同时参加锯削，这样才能避免锯齿被钩住和崩裂。

2. 锯路

为了减少锯缝两侧面对锯条的摩擦阻力，避免锯条被夹住或折断，锯条在制造时，锯齿按一定的规律左右错开，排列成一定的形状，称为锯路。

锯路有交叉形和波浪形等，如图 3-4 所示。

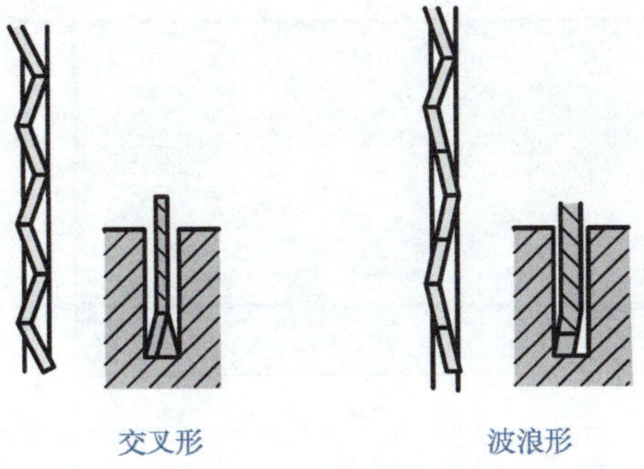

图 3-4　锯路

项目实施

1. 准备工具、量具和材料

准备工具、量具和材料：10mm × 70mm × 110mm 钢板、锯弓、适量锯条、300mm 的钢直尺、划针等。

2. 选用场地设备

选择工作台、台虎钳等，如图 3-5 所示。

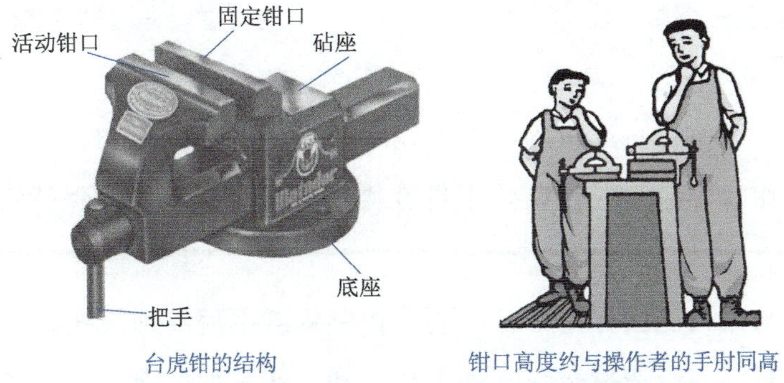

图 3-5　台虎钳的结构和安装高度

3. 操作步骤

1）准备材料：10mm × 70mm × 110mm 的钢板，去掉钢板周边毛刺，清理表面。

2）用钢直尺、游标高度卡尺（或划线盘）、划针按图示尺寸正反面划线。尺寸线如图 3-6 所示。

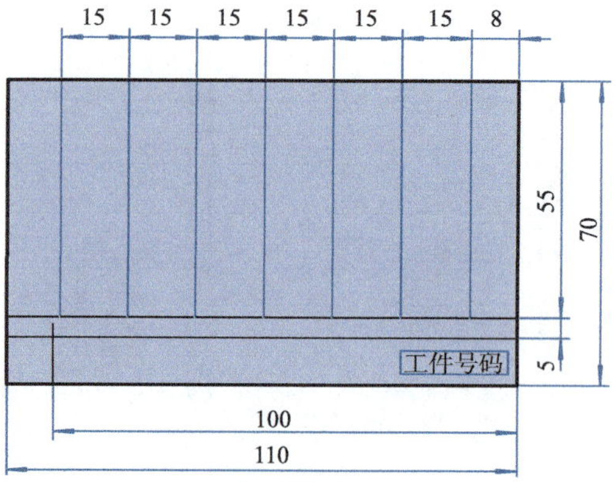

图 3-6 划线尺寸

为保证正反面划线的一致性，用游标高度卡尺立体划线如图 3-7 所示。

换面划线如图 3-8 所示。

图 3-7 锯削划线

图 3-8 换面划线

3）夹持工件。

①工件一般应夹持在台虎钳的左面，以便操作。

②工件伸出钳口不应过长，防止工件在锯削时产生振动（应保持锯缝距离钳口侧面 20mm 左右）。

③锯缝线要与钳口侧面保持平行，便于控制锯缝不偏离划线线条。

④夹紧要牢靠，同时要避免将工件夹变形和夹坏已加工面。

4）安装锯条和调整锯弓。

①安装锯条：锯齿倾斜方向朝前，如图 3-9 所示。

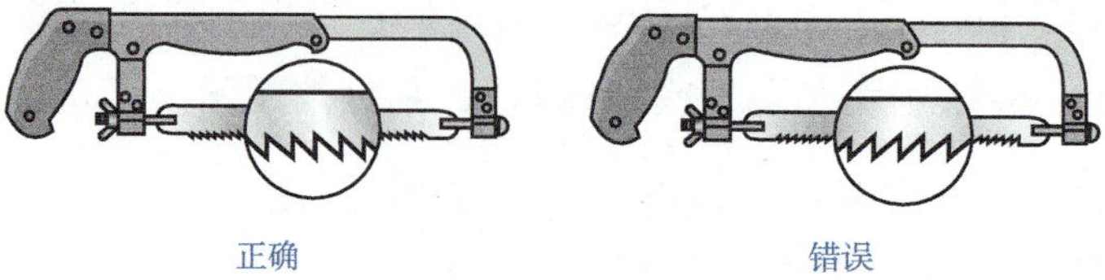

图 3-9 锯条的安装

②调整锯弓：旋紧调整螺母绷紧锯条，松紧适中。过松，锯条锯削时弯曲，锯路容易歪斜；过紧，锯削时锯条容易崩断。

5）起锯。

①起锯：起锯有远起锯和近起锯两种，如图 3-10 所示。

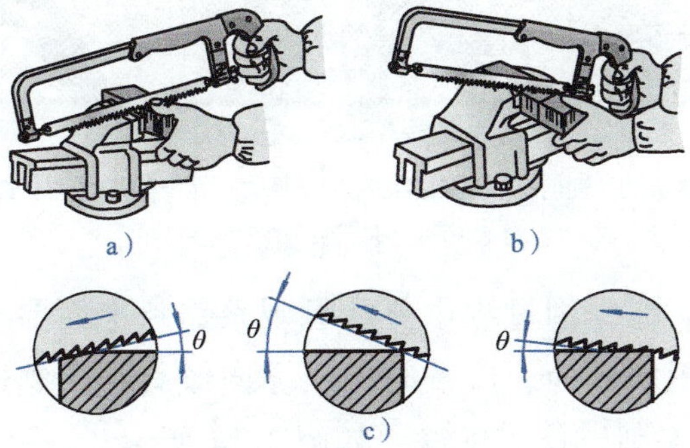

图 3-10　起锯

a）远起锯　　b）近起锯　　c）角度过大撞断锯齿

②注意观察梳排 1~5 线起锯位置在右侧，6、7 线的起锯位置在左侧，如图 3-11 所示。

③起锯形成锯槽后就可以进行锯削操作了。

6）锯削操作。

①手锯握法为右手满握锯柄，左手轻扶在锯弓前端，如图 3-12 所示。

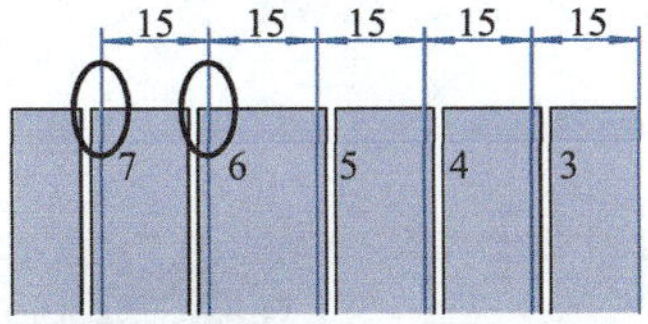

图 3-11　起锯位置

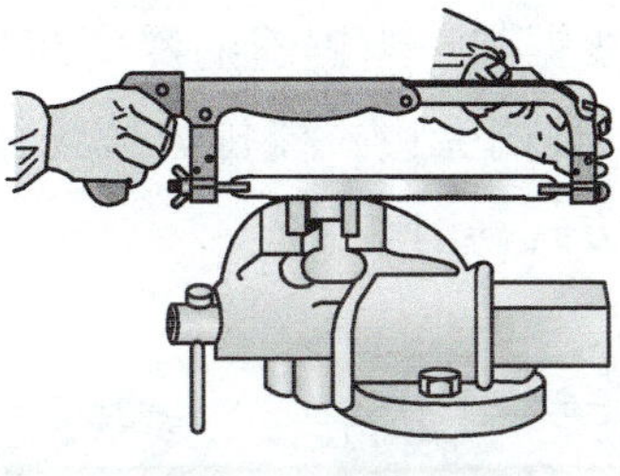

图 3-12　锯削姿势

②锯削时的站立位置和身体摆动姿势如图 3-13 所示，注意摆动要自然。

③锯削运动时，推力与压力由右手控制，左手主要配合右手扶正锯弓，压力不要过大。

④手锯推出时为切削行程，应施加压力，返回行程时不切削，不施加压力作自然拉回。工件将要锯断时，右手施加的压力要小，避免压力过大时，锯条断裂，伤及人身。

⑤锯削速度不易过快，锯削过快容易造成操作者疲劳，锯条也易磨损，同时影响锯削质量。锯削速度为 50 次 /min 左右为宜。

图 3-13　锯削姿势

7）锯缝歪斜处理。在锯削过程中要注意观察锯条平面要与检查线（切割线）平行（重合），锯缝如有歪斜倾向，应及时向反方向倾斜锯条锯削，形成锯槽后，摆正锯条与检查线平行进行锯削以修正锯缝，如图 3-14 所示。

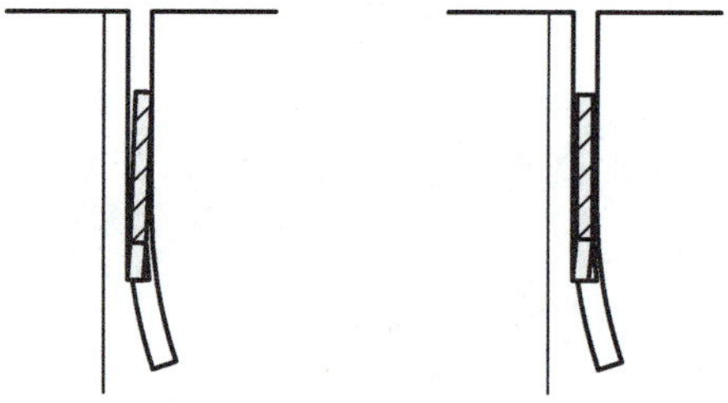

图 3-14　锯缝歪斜处理

8）8 号线锯削。当锯缝的深度超过锯弓的高度时，应将锯条转过 90° 重新装夹，使锯弓转到工件的旁边，梳排 8 号线锯削长度有 100 ㎜，在锯弓高度不足时可采用如图 3-15 所示方式锯削。

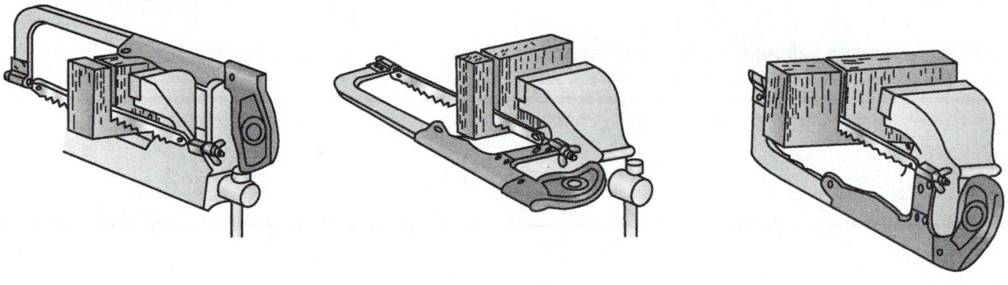

图 3-15　深缝的锯削

9）打号码、交工件并清理工位。工作完毕时清理工位，工具摆放整齐，用毛刷清扫铁屑，完成后将工件打号码并上交工件。

4. 锯削安全操作

1）工件装夹要牢固，即将被锯断时，要防止断料掉下，同时防止用力过猛，将手撞到工件或台虎钳上受伤。

2）注意工件和锯条的安装，起锯方法、起锯角度的正确，以免一开始锯削就造成废品和锯条损坏。

3）要适时注意锯缝的平直情况，及时纠正。

4）在锯削钢件时，可加些机油，以减少锯条与锯削断面的摩擦并冷却锯条，提高锯条的使用寿命。

5）要防止锯条折断后弹出锯弓伤人。

6）锯削完毕，应将锯弓上张紧螺母适当放松，并将其妥善放好。

项目评价

钢板锯削任务评分表见表 3-1。

表 3-1　钢板锯削任务评分表

班级：________　姓名：________

序号	项目任务		配分	评分标准	自评	得分
1	1~5锯缝（40%）	锯缝直线度≤ 1.5mm	3×5	超差不得分		
2		正反面锯缝与检查线距离偏差值为±1.5mm	2×5	超差、压线不得分		
3		锯缝与检查线距离为 0.5~2mm	3×5	超差、压线不得分		
4	6、7锯缝（30%）	锯缝直线度≤ 1mm	5×2	超差不得分		
5		正反面锯缝与检查线距离为 0.5~1.5mm	10	超差、压线不得分		
6		锯缝与检查线距离为 0.5~1.5mm	5×2	超差、压线不得分		
7	8锯缝（15%）	锯缝直线度≤ 1mm	6	超差不得分		
8		正反面锯缝与检查线距离差值< 0.5mm	4	超差、压线不得分		
9		锯缝与检查线距离为 0.5~1.5mm	5	超差、压线不得分		
10	职业素质(15%)	团队合作	5	有违反视情节扣 1 ~ 5 分		
11		遵守纪律	5	有违反视情节扣 1 ~ 5 分		
12		迟到早退	5	有迟到早退现象扣 5 分		
13	安全文明操作		操作期间违反安全秩序规定视情况扣 5~10 分			
自评总分						
教师评价	得分：					

知识拓展

1. 特殊型材的锯削

（1）棒料　若锯削的断面要求平整，应从开始连续锯到结束。

（2）管子　锯削管子前，应划出锯削线。管材的锯削如图 3-16 所示。

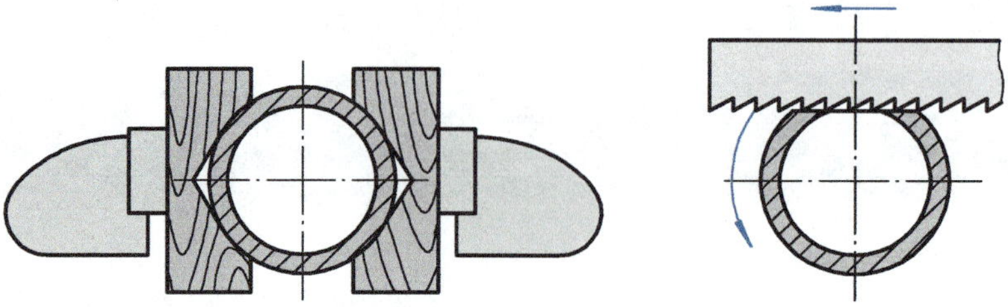

图 3-16　管材的锯削

（3）薄板　锯削时应从薄板料宽面上加工，若只能在薄板料的窄面加工时，可用两块木板夹持，连木块一起锯下，避免锯齿钩住，同时也增加了薄板的刚度，使锯削时不发生颤动，如图 3-17 所示。

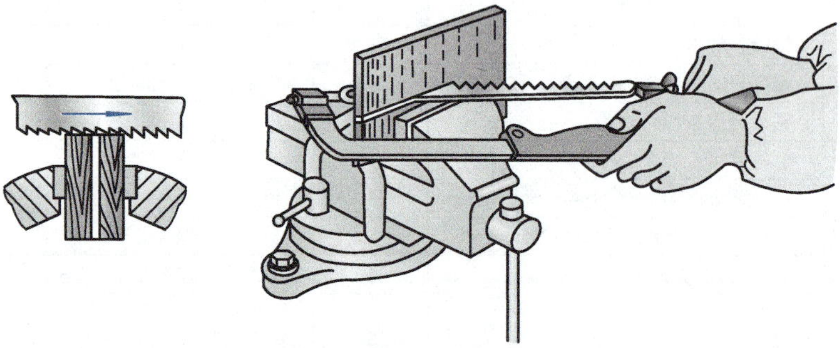

图 3-17　薄板的锯削

2. 錾削

錾削是用锤子敲击錾子对工件进行切削加工的一种方法。錾削主要用于不便于机械加工的场合，可完成去除凸缘、毛刺、分割材料、錾油槽等工作，有时也用作较小表面的粗加工。

（1）錾削工具　錾削工具主要由锤子和錾子组成。錾子由碳素工具钢锻造而成，钳工因工作性质不同，所用錾子的种类较多，如图 3-18 所示，常用的錾子有扁錾、窄錾和油槽錾三种。

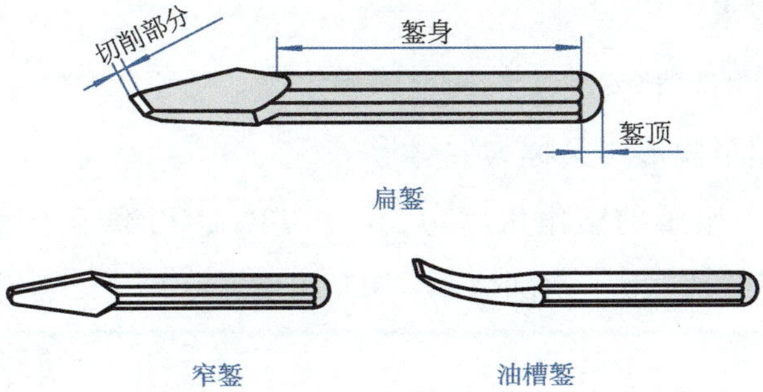

图 3-18 常用的錾子

1）扁錾（又称阔錾）：扁錾应用广泛，常用于去除凸缘、毛刺和分割材料。扁錾的应用如图 3-19 所示。

图 3-19 扁錾的应用

2）窄錾（又称狭錾、尖錾）：窄錾主要用于錾槽和分割曲线形板料。窄錾的应用如图 3-20 所示。

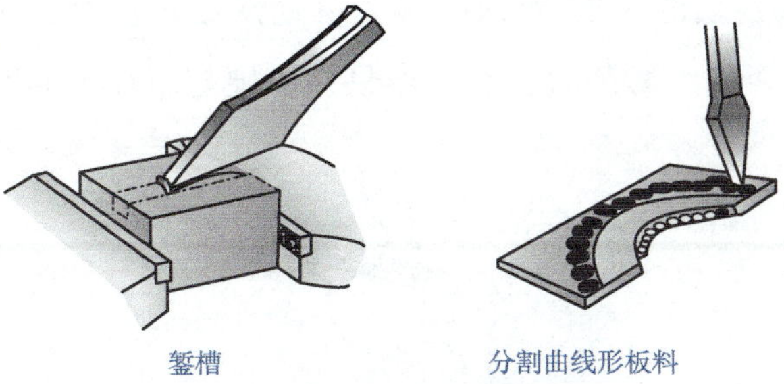

图 3-20 窄錾的应用

3）油槽錾：油槽錾是用于錾削润滑油槽的。油槽錾的应用如图 3-21 所示。

图 3-21 油槽錾的应用

（2）对錾子的要求

①錾子切削部分的材料要比工件的材料硬度高。

②切削部分必须呈楔形（又称为尖劈形）。

如图 3-22 所示，錾子的楔角角度为 30° ~70° ，刃磨錾子时要根据錾削的工件厚度而定，当錾削薄板时，由于切削力小，楔角可磨小。反之，錾削厚板，楔角则磨大。

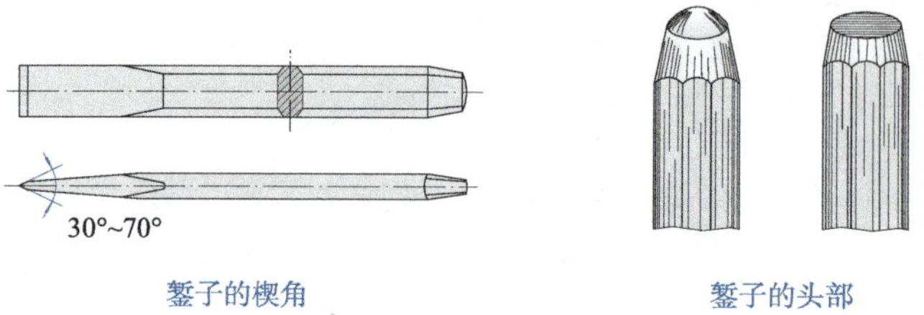

图 3-22　錾子的楔角和头部

（3）錾子的热处理

1）錾子的热处理是为了使錾子切削部分具有适当的硬度，包括淬火和回火两个过程。

2）热处理前，先在砂轮机上把錾子的切削部分磨好，以便热处理时容易看清表面颜色，热处理后一般不再对切削刃进行刃磨或精磨。

3）热处理时，把錾子切削部分的 20mm 左右长度加热到 750~780℃（呈现樱红色），取出后迅速浸入冷水中冷却，浸入深度为 5~6mm。为了加速冷却，可夹持錾子在水面上作微微移动，如图 3-23 所示。因为移动形成水波纹，可使得錾子淬硬与不淬硬的界线不明显。否则，錾削时，錾子容易在淬硬与不淬硬的跃变交界线处断裂。

图 3-23　錾子的淬火

4）錾子的回火过程，当錾子露出水面的部分变成黑色时，从水中取出，利用上部的余热进行回火。为了便于观察颜色以判断温度，錾子从水中取出后，马上在砂布或砖石上把切屑部分的前刀面和后刀面摩擦几下，去除表面氧化层和污物。刚出水的颜色是白色，而后变为黄色，再变为蓝色。变为黄色时，把錾子全部浸入冷水中冷却。

（4）錾子的刃磨　錾子切削部分的热处理和刃磨的好坏直接影响錾削的质量和工作效率，所以，錾子的前刀面和后刀面必须磨得光滑平整，否则錾出的表面不容易平整，且容易产生打滑现象而划伤手部。必要时，在砂轮上刃磨后再在油石上精磨，可使切削刃既锋利又不易磨损，如图 3-24 所示。

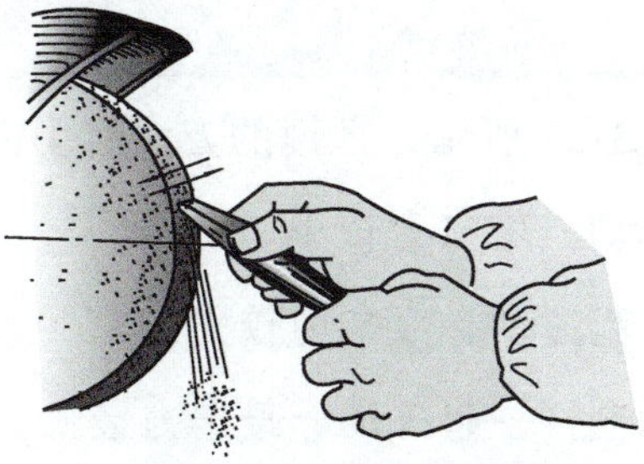

图 3-24　錾子的刃磨

錾子刃磨的注意事项：

1）刃磨錾子时，要使錾子的切削刃高于砂轮的中心，以免切削刃轧入砂轮，甚至引起錾子扎进砂轮保护罩而挤碎砂轮的事故。

2）刃磨錾子的平面时，要平行于砂轮轴线来回平稳地移动錾子，使得錾子容易磨平，且砂轮的磨耗也均匀，从而延长砂轮的使用寿命。

3）刃磨时，握持錾子上的压力不能过大，以免造成錾子因过热而退火，必要时刃磨过程可经常浸水冷却錾子。

3. 錾削的动作要领

（1）錾子的握法　握錾子头部，头部不宜伸出左手太长，伸出 10~15mm 即可，避免打手。錾削时，握錾子的手要保持小臂处于水平位置，肘部不能下垂和抬高，如图 3-25 所示。

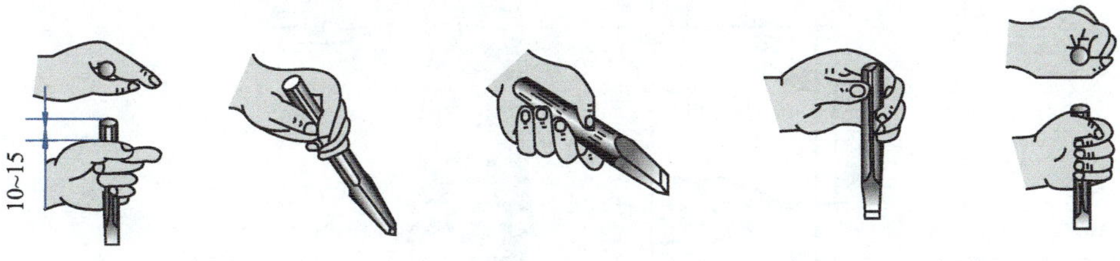

图 3-25　錾子的握法

（2）锤子的握法　锤子的握法有松握和紧握两种，如图 3-26 所示。

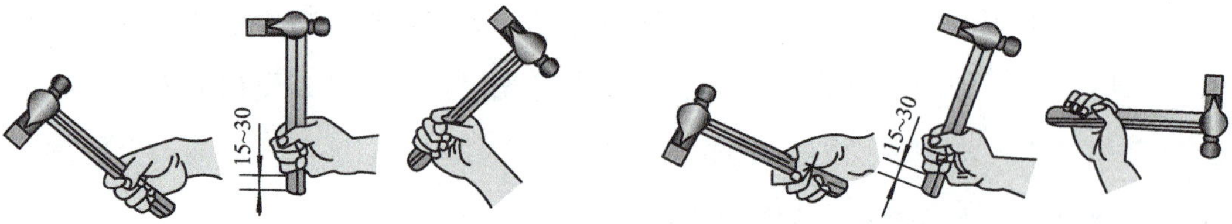

图 3-26 锤子的握法

（3）挥锤的方法　如图 3-27 所示，挥锤的方法有手挥、肘挥和臂挥三种。

1）手挥：只做手腕的挥动，敲击力较小。

2）肘挥：手腕和肘部一起挥动，敲击力较大。

3）臂挥：手腕、肘部和全臂一起挥动，敲击力最大。

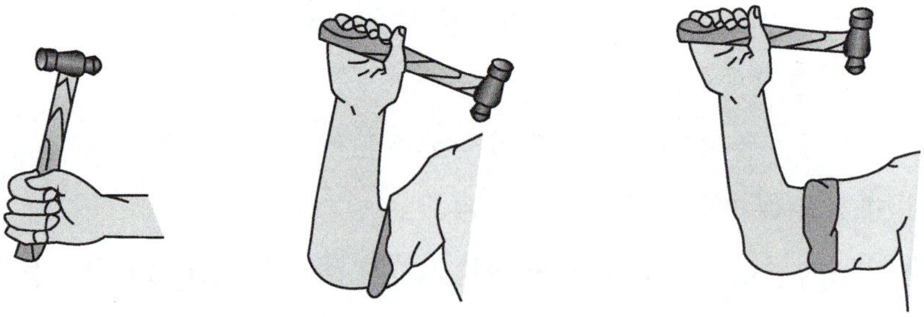

图 3-27 挥锤的方法

（4）錾削的姿势　在一般场合下，为了充分发挥较大的敲击力量，操作者必须保持正确的站立姿势，即左脚超前半步，两腿自然站立，人体重心稍微偏于后脚，视线要落在工件的切削部位，如图 3-28 所示。

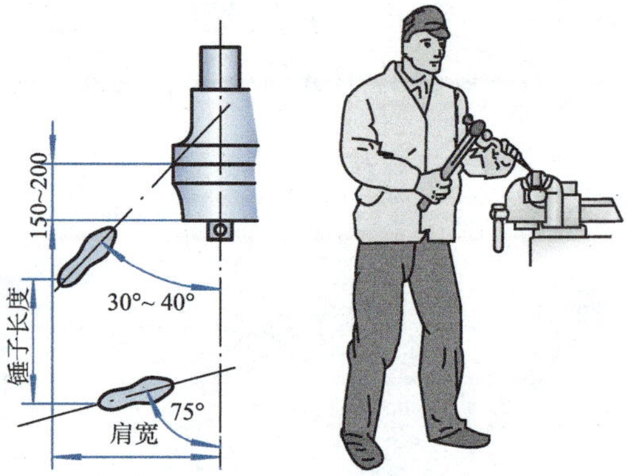

图 3-28 錾削的姿势

4. 錾削的基本方法

（1）錾削平面的方法

1）起錾与终錾：如图 3-29 所示，起錾方法按工件部位有正面起錾和尖角起錾两种。

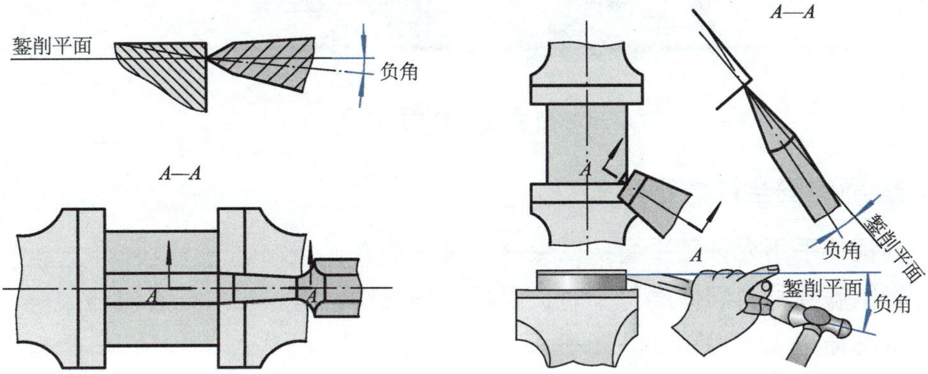

图 3-29　起錾

终錾，即当錾削快到终点时，要防止工件边缘材料崩裂。尤其是錾铸铁、青铜等脆性材料时要特别注意，当錾削接近终点 10~15mm 时，必须掉头再錾去余下部分。如果不掉头，就容易使工件的边缘崩裂，如图 3-30 所示。

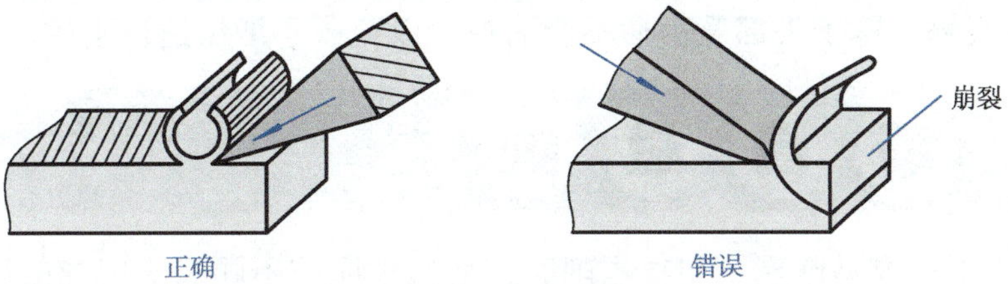

图 3-30　终錾

2）錾削平面：錾削平面时采用扁錾，每次錾削的材料厚度一般为 0.5~22mm。

在錾削较宽的平面时，一般要先用窄錾以适当的间隔开出工艺直槽，然后用扁錾将槽间的凸起部分錾平，如图 3-31 所示。

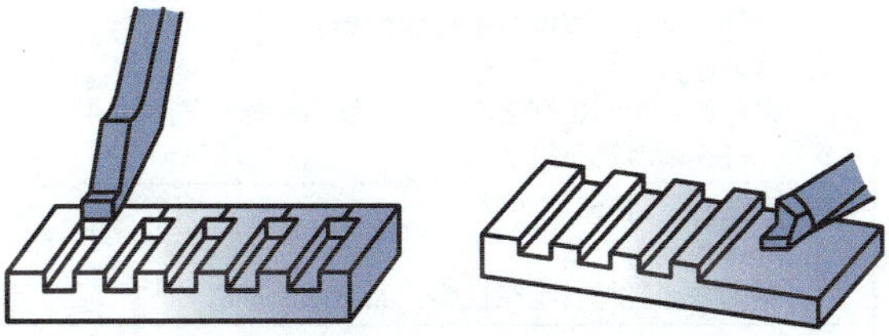

图 3-31　錾削较宽平面

（2）錾削油槽的方法　油槽錾的切削部分，应根据图样上油槽的断面形状、尺寸进行刃磨，同时在工件需錾削油槽部位划线。起錾时，錾子要慢慢地加深尺寸，錾到终点时，刃口必须慢慢翘起，保证槽底圆滑过渡，如图 3-32 所示。如果在曲面上錾油槽，錾子倾斜情况应随着曲面而变动，使錾削时的后角保持不变，保证錾削顺利进行。

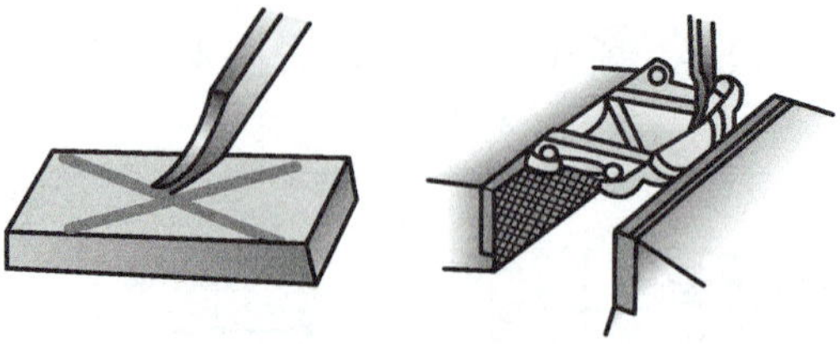

图 3-32　錾削油槽

5. 錾削的安全注意事项

1）握锤的手不允许戴手套，以免锤子滑脱伤人。

2）錾削脆性材料和修磨錾子时，要带防护眼镜，防止飞屑伤害眼睛。

3）不准使用无楔或松动的锤子。

4）錾顶出现翻头、飞刺等应及时修磨。

5）錾削接近终止时，锤击力要小，防止用力过大伤手。

6）工件夹持要牢固，防止落下伤人。

7）使用砂轮机磨錾子时，等砂轮机转速正常后方可使用。在砂轮机上修磨工具时，压力不可过大、过猛。操作者应站在砂轮机侧面，防止砂轮片破碎飞出伤人。

8）錾子头部、锤子头部及手柄不能沾油，以免脱手滑出造成事故。

项目总结

锯削操作不难容易掌握，初次锯削时，会出现顾前不顾后，锯缝前后与检查线距离相差较大，锯缝与板面不垂直，锯条折断，锯缝歪斜等现象，其原因见表 3-2。

表 3-2　锯削的质量缺陷分析

缺陷形式	产生原因
锯条折断	1. 锯条选用不当或起锯角度不当 2. 锯条装夹过紧或过松 3. 工件未夹紧，锯削时工件有松动 4. 锯削压力太大或推锯过猛 5. 强行校正歪斜锯缝或换上的新锯条在原锯缝中受卡 6. 工件锯断时锯条撞击工件
锯齿崩裂	1. 锯条装夹过紧 2. 起锯角度太大 3. 锯削中遇到材料组织缺陷，如杂质、砂眼等
锯缝歪斜	1. 工件装夹不正 2. 锯弓未扶正或用力歪斜，使锯条背偏离锯缝中心平面，而斜靠在锯削断面的一侧 3. 锯削时双手操作不协调

项目练习

一、判断题

1. 锯条长度是以其两端安装孔的中心距来表示的。 (　　)
2. 锯条反装后，由于楔角发生变化，锯削不能正常进行。 (　　)
3. 起锯时，起锯角越小越好。 (　　)
4. 锯条粗细应根据工件材料性质及锯削面宽窄来选择。 (　　)
5. 固定式锯弓可安装几种不同长度规格的锯条。 (　　)
6. 手锯回程中，也应施加压力，这样可以加快锯削速度。 (　　)
7. 安装锯条不仅要注意齿尖方向，还要注意锯条的松紧程度。 (　　)
8. 錾子切削部分只要制成楔形，就能进行錾削。 (　　)
9. 錾子后角的大小，是錾削时錾子被掌握的位置所决定的。 (　　)
10. 錾子在砂轮上刃磨时，必须低于砂轮中心。 (　　)
11. 錾子切削部分热处理时，应尽量提高其硬度，以增加其耐磨性。 (　　)
12. 尖錾切削刃两端侧面略带倒锥。 (　　)
13. 錾子热处理就是指錾子的淬火。 (　　)
14. 当錾削距尽头 10mm 左右，应掉头錾去余下的部分。 (　　)
15. 錾削不能在圆弧面上加工油槽。 (　　)

二、选择题

1. 锯条有了锯路，可使工件上的锯缝宽度 ____ 锯条背部的厚度。

   a. 小于　　b. 等于　　c. 大于

2. 锯削管子和薄板料时，应选择 ____ 锯条。

   a. 粗齿　　b. 中齿　　c. 细齿

3. 锯削时的锯削速度以每分钟往复 ____ 为宜。

   a. 20次以下　　b. 20～40次　　c. 40次以上

4. 制造锯条的材料一般由 ____ 制成。

   a. 45钢　　b. 不锈钢　　c. T8或T12A碳素工具钢

5. 锯削软钢、铝、纯铜，应选用 ____ 齿手用锯条。

   a. 粗　　b. 中　　c. 细

6. 锯削中等硬度钢、硬的轻金属、黄铜、较厚的型钢，应选用 ____ 齿手用锯条。

   a. 粗　　b. 中　　c. 细

7. 锯削电缆及硬质金属，应选用 ____ 齿手用锯条。

a. 粗　　b. 中　　c. 细

8. 錾子的楔角越大，錾子切削部分的 ____ 越高。

a. 硬度　　b. 强度　　c. 锋利程度

9. 錾子楔角的大小应根据 ____ 来选择。

a. 工件材料的软硬　　b. 工件形状的大小

10. 錾削硬度较高的材料时，楔角应取 ____。

a. 30° ~ 50°　　b. 50° ~ 60°　　c. 60° ~ 70°

11. 錾削时，錾子切入工件太深的原因是 ____。

a. 楔角太小　　b. 前角太大　　c. 后角太小

12. 刃磨錾子时，主要确定 ____ 的大小。

a. 前角　　b. 楔角　　c. 后角

13. 在工件上錾削沟槽和分割曲线形板料时，应选用 ____。

a. 尖錾　　b. 扁錾　　c. 油槽錾

14. 錾削时，锤击力最大的挥锤方法是 ____。

a. 手挥　　b. 臂挥　　c. 肘挥

15. 錾子的前面和后面之间的夹角称为 ____。

a. 楔角　　b. 切削角　　c. 前角

16. 錾切厚板料时，可先钻出密集的排孔，再放在铁砧上錾切。錾切直线时，应采用 ____。

a. 狭錾　　b. 阔錾　　c. 油槽錾

17. 錾切厚板料时，可先钻出密集的排孔，再放在铁砧上錾切。錾切曲线时，应采用 ____。

a. 狭錾　　b. 阔錾　　c. 油槽錾

18. 錾削一般钢材和中等硬度材料时，錾子的楔角应选取 ____。

a. 60° ~ 70°　　b. 50° ~ 60°　　c. 30° ~ 50°

19. 錾削铜、铝等软性材料时，錾子的楔角应选取 ____。

a. 60° ~ 70°　　b. 50° ~ 60°　　c. 30° ~ 50°

三、简答题

1. 怎样划分锯条的粗细？目前锯条粗细分为哪几种规格？
2. 简述錾子的热处理过程。

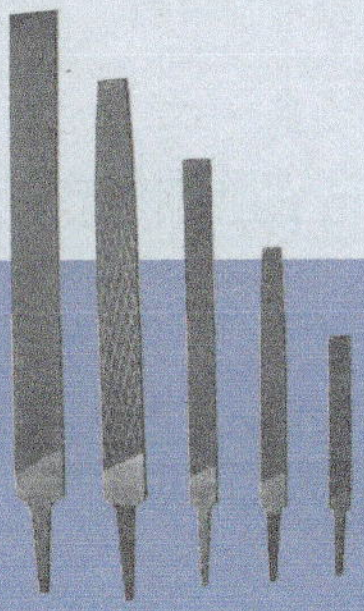

项目四

矩形块锉削

项目目标

了解平面加工的常用方法，熟悉平面加工的常用工具，掌握锉削的基本操作，能对平面的质量进行检测和分析，理解平面度的概念，建立尺寸精度的意识。

项目描述

一块尺寸为 14mm × 70mm（ ± 1mm） × 70mm（ ± 1mm）的钢板，经过锉削、测量等工序，形成一个对平面度有一定要求的工件，如图 4-1 所示。

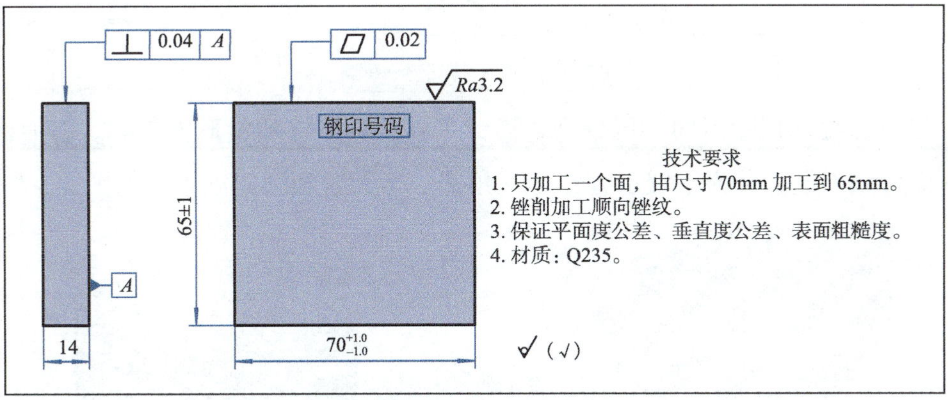

图 4-1　平面锉削

相关知识

要做好平面加工，正确操作是关键。本项目主要涉及的操作内容是锉削和测量。

1. 图示符号和标注的含义

1）Q235：普通碳素钢，屈服强度为 235MPa。

2）[⏥|0.02]：平面度公差，被测表面必须位于距离为 0.02mm 的两平行平面内。

3）▶[A]：基准 *A*。

4）[⊥|0.04|A]：垂直度公差，被测表面应限定在间距等于 0.04mm、垂直于基准平面 *A* 的两平行平面之间。

5）$\sqrt{Ra3.2}$：去除材料的表面粗糙度符号，轮廓算术平均偏差数值为 *Ra*3.2μm。

6）✓：不去除材料的表面粗糙度符号。

7）尺寸$70^{+1.0}_{-1.0}$ mm、（65 ± 1）mm 表示公差带值。$70^{+1.0}_{-1.0}$ mm 表示实际尺寸在最小 69mm 与最大 71mm 之间，（65 ± 1）mm 表示实际尺寸在最小 64mm 与最大 66mm 之间。

2. 有关锉削知识

用锉刀对工件表面进行切削加工，使其尺寸、形状、位置和表面粗糙度等都达到要求，这种加工方法称为锉削。

（1）锉刀的组成　锉刀用高碳工具钢 T13 或 T12 制成。锉刀由锉身和木柄两部分组成，它的各部分名称如图 4-2 所示。

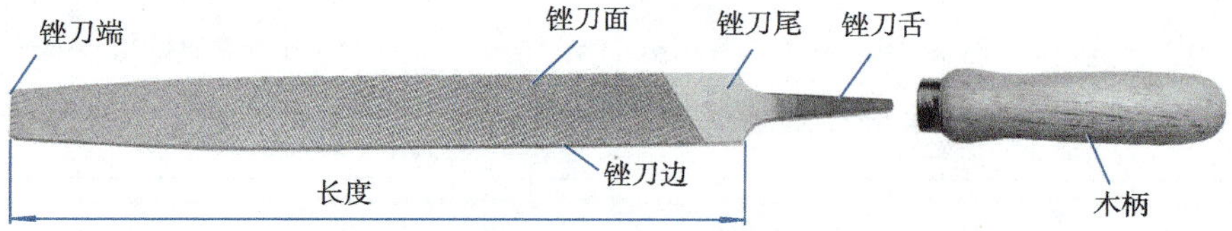

图 4-2　锉刀的组成

一般锉刀按其用途不同，可分为普通钳工锉、异形锉和整形锉三类。普通钳工锉按其断面形状不同，分为平锉、方锉、三角锉、半圆锉和圆锉五种，如图 4-3 所示。

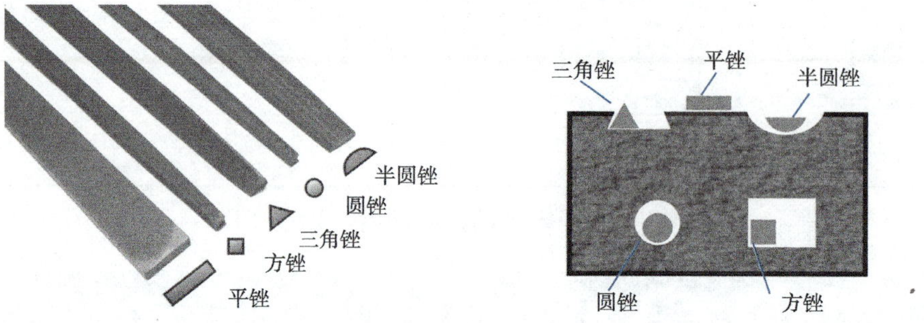

锉刀断面形状　　不同断面形状锉刀的用途

图 4-3　普通钳工锉断面形状与用途

异形锉用于锉削工件的特殊表面，有刀口锉、菱形锉、扁三角锉、椭圆锉和圆肚锉等，如图 4-4 所示。

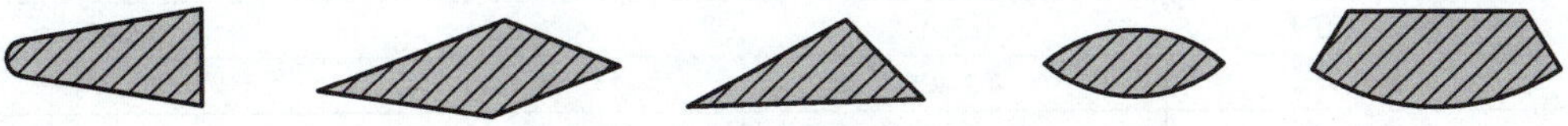

图 4-4　异形锉的断面形状

整形锉（又称为什锦锉）主要用于修理工件上的细小部分，通常以多把为一组，因分组配备各种断面形状的小锉而得名，如图 4-5 所示。

各种不同长度的锉刀

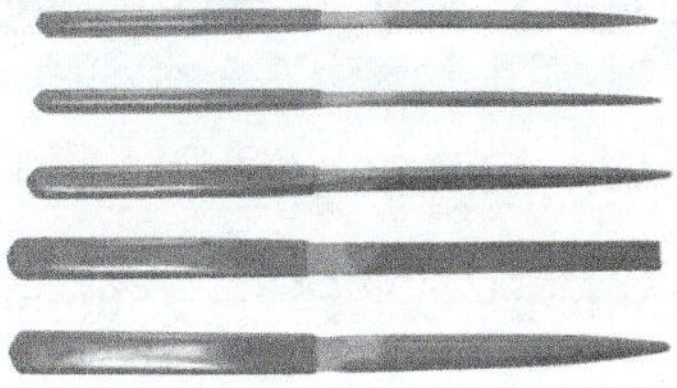

5 支组整形锉

图 4-5　整形锉

（2）锉刀的规格　锉刀的规格分尺寸规格和齿纹的粗细规格。不同的锉刀尺寸规格用不同的参数表示。钳工常用的锉刀有 100mm、125mm、150mm、200mm、250mm、300mm、350mm 等几种。

锉刀齿纹的粗细规格以锉刀每 10mm 轴向长度内的主锉纹条数来表示，见表 4-1。

表 4-1　锉刀齿纹粗细规格

规格 / mm	主要锉纹条数（10 mm内）				
	锉 纹 号				
	1	2	3	4	5
100	14	20	28	40	56
125	12	18	25	36	50
150	11	16	22	32	45
200	10	14	20	28	40
250	9	12	18	25	36
300	8	11	16	22	32
350	7	10	14	20	—
400	6	9	12	—	—
450	5.5	8	11	—	—

（3）锉刀的选用　每种锉刀都有各自的用途，锉刀在选用时，应根据被锉表面的形状和大小选择锉刀的断面形状和长度。

1）锉刀形状的选择如图 4-3 所示。

2）锉刀齿纹的粗细规格应根据工件材料的材质、加工余量的大小、加工精度和表面粗糙度要求的高低进行选择，见表 4-2。

表 4-2　锉刀齿纹粗细规格的选用

锉刀粗细	适用场合		
	加工余量 /mm	加工精度 /mm	表面粗糙度值 Ra/μm
1 号（粗齿锉刀）	0.5~1	0.2~0.5	100~25
2 号（中齿锉刀）	0.2~0.5	0.05~0.2	25~6.3
3 号（细齿锉刀）	0.1~0.3	0.02~0.05	12.5~3.2
4 号（双细齿锉刀）	0.1~0.2	0.01~0.02	6.3~1.6
5 号（油光锉）	0.1 以下	0.01	1.6~0.8

项目实施

1. 准备工具、量具和材料

准备工具：350mm1 号平锉刀、250mm3 号平锉刀、整形锉、钢丝刷、100mm 毛刷。

准备量具：100mm 刀口形直尺。

准备材料：70mm × 70mm × 14mm Q235 钢板

2. 锉削基本动作与平面检测

本次任务是以锉削动作练习为主。根据要求本次任务锉削加工面要平整且要与板面垂直，因此必须要有正确的锉削动作来保证锉削任务的质量。

（1）锉刀的握法（图 4-6）

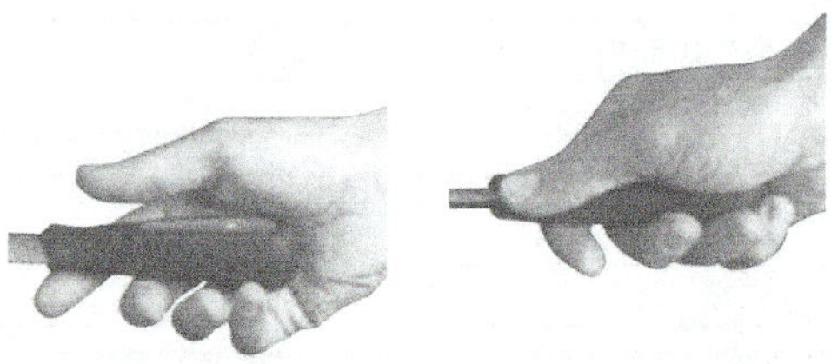

大锉刀的右手握法

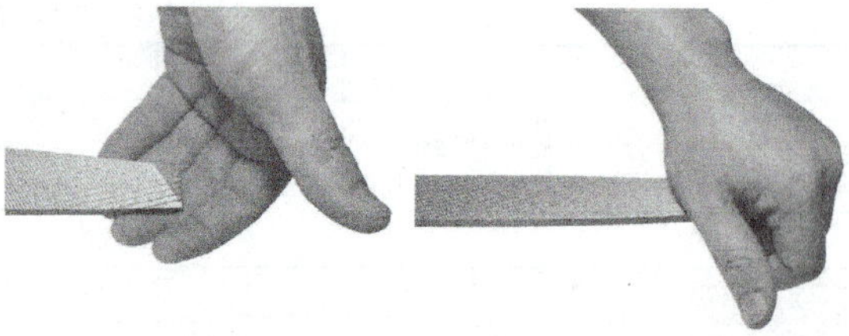

大锉刀的左手握法

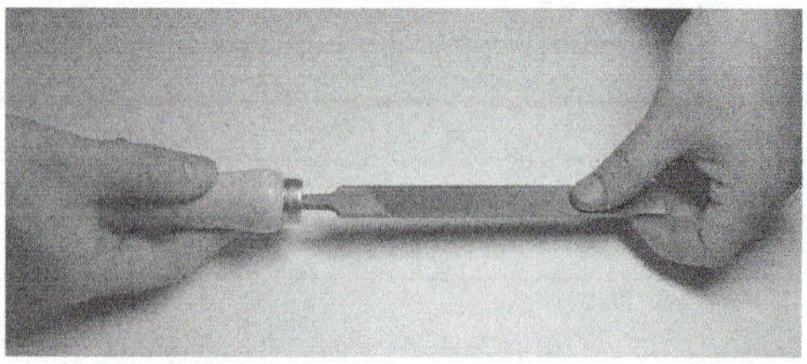

中锉刀的握法

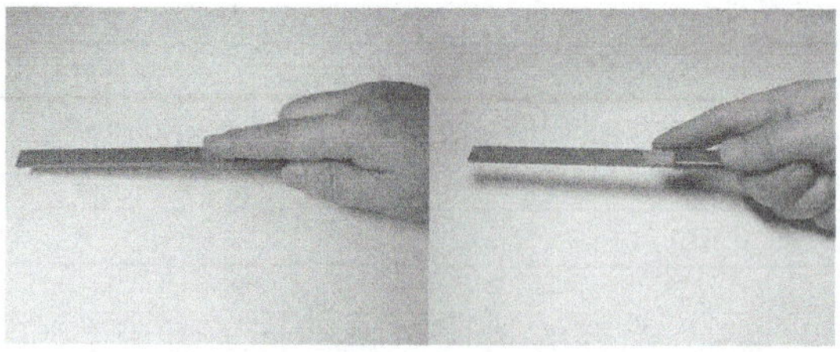

小锉刀的握法

图 4-6　锉刀的握法

1）右手紧握锉刀柄，柄端抵在拇指根部的手掌上，大拇指放在锉刀柄上部，其余手指由下而上地握着锉刀柄。

2）左手的基本握法是将拇指根部的肌肉压在锉刀上，拇指自然伸直，其余四指弯向手心，用中指、无名指捏住锉刀端。

3）锉削时右手推动锉刀并决定推动方向，左手协同右手使锉刀保持平衡。

（2）锉削姿势

1）锉削时的站立步位和姿势动作如图 4-7 所示。两手握住锉刀放在工件上面，左臂弯曲，小臂与工件锉削面的左右方向保持基本平行，右小臂要与工件锉削面的前后方向保持基本平行。

图 4-7　锉削站立步位和姿势动作

2）锉削时，身体先于锉刀并与之一起向前，右脚伸直并稍向前倾，重心在左脚，左膝部呈弯曲状态。

3）当锉刀锉至约 3/4 行程时，身体停止前进，两臂则继续将锉刀向前锉到头，同时，左脚自然伸直并随着锉削时的反作用力，将身体重心后移，使身体恢复原位，并顺势将锉刀收回。

4）当锉刀收回将近结束时，身体又开始先于锉刀前倾，做第二次锉削的向前运动。

注意事项：

①锉削姿势的正确与否，对锉削质量、锉削力的运用和发挥以及操作者的疲劳程度都有着决定性的影响。

②锉削姿势的正确掌握，须从锉刀握法、站立步位、姿势动作、操作等几方面进行，动作要协调一致，经过反复练习才能达到一定的要求。

（3）锉削力和锉削速度

1）锉削力。锉刀直线运动才能锉出平直的平面，因此，锉削时右手的压力要随着锉刀推动而逐渐增加，左手的压力要随锉刀推动而逐渐减小，如图 4-8 所示。

回程时不要加压力，以减少锉齿的磨损。

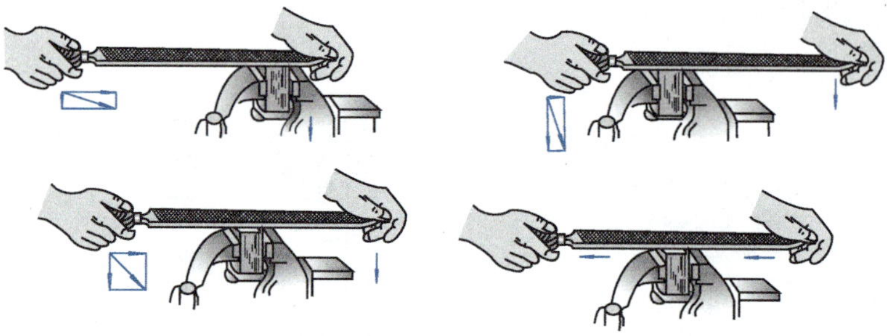

图 4-8 锉削力

2）锉削速度。锉削速度一般应在 40 次 /min 左右，推出时稍慢，回程时稍快，动作要自然，要协调一致。

（4）锉削方法

1）顺向锉。顺向锉是锉刀顺一个方向锉削的运动方法。它具有锉纹清晰、美观和表面粗糙度值较小的特点，适用于小平面和粗锉后的场合。顺向锉的锉纹整齐一致，这是最基本的一种锉削方法，如图 4-9a 所示。

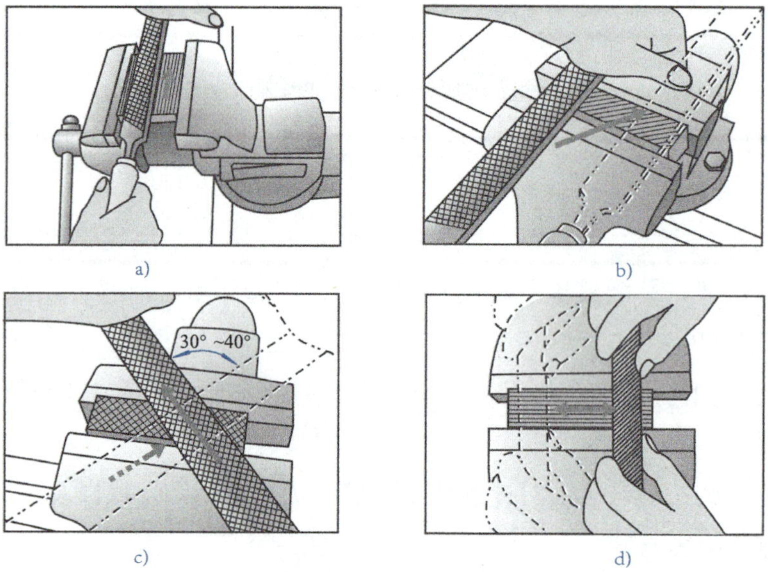

图 4-9 锉削方法

a）顺向锉 b）斜锉法 c）交叉锉法 d）推锉法

2）交叉锉。交叉锉是从两个以上不同方向交替交叉锉削的方法，锉刀运动方向与工件夹持方向成30°～40°角，如图4-9b、c所示。它具有锉削平面度好的特点，但表面质量稍差，且锉纹交叉。

3）推锉。推锉是双手横握锉刀往复锉削的方法。其锉纹特点同顺向锉，适用于狭长平面和修整时余量较小的场合，如图4-9d所示。

（5）锉削平面的质量检查　检测前应先用锉刀将工件周边的毛刺去除和锐边倒钝，以便于测量，如图4-10所示。

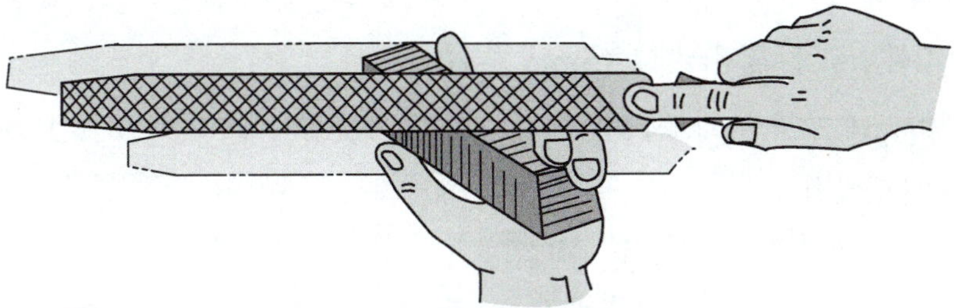

图4-10　去除毛刺和锐边倒钝

1）锉削较小工件平面时，其平面通常都采用刀口形直尺通过透光法来检查，如图4-11所示。

检查时，刀口形直尺应垂直放在工件表面上，如图4-11a所示，并在加工面的纵向、横向、对角方向多处逐一进行检验，如图4-11b、c所示，以确定各方向的直线度误差。

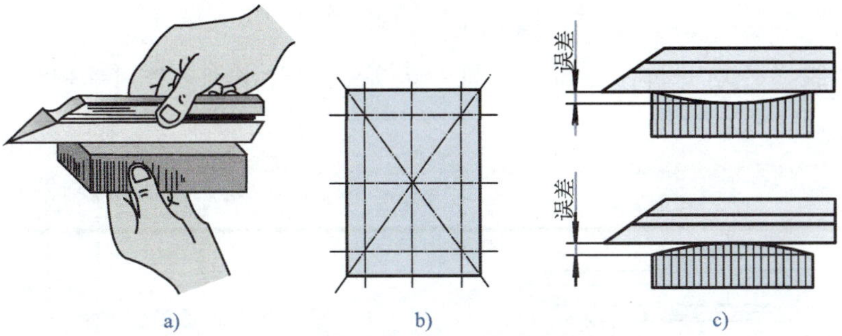

图4-11　平面检测

2）刀口形直尺不能在被测面上拖动，否则刀口形直尺的测量边容易磨损而降低其精度。

3）塞尺是用于检验两个结合面之间间隙大小的片状量规，使用时根据被测间隙的大小，可用一片或数片重叠在一起做塞入检验。

（6）锉削安全文明操作

1）工具和量具摆放整齐。锉柄不允许露在钳桌外面，以免掉落地上砸伤脚或损坏锉刀。

2）没有装手柄的锉刀、锉柄已裂开或没有锉柄箍的锉刀不可使用。

3）锉削时锉柄不能撞击到工件，以免锉柄脱落造成事故。

4）不允许用嘴吹锉屑，避免锉屑飞入眼中，也不能用手擦摸锉削表面，应用毛刷清扫。

5）不允许将锉刀当撬棒或锤子使用。

6）用钢丝刷清除锉刀齿间铁屑，镶嵌牢固的铁屑用铁钉或金属尖部剔除。

3. 操作步骤

1）夹持工件，工件露出钳口 15mm 左右。

2）用 350mm1 号平锉刀顺向锉削，注意锉刀握法、站立等动作要规范，相邻的同学互相监督纠正动作。

保持锉刀运行轨迹为一条直线，如图 4-12 所示。

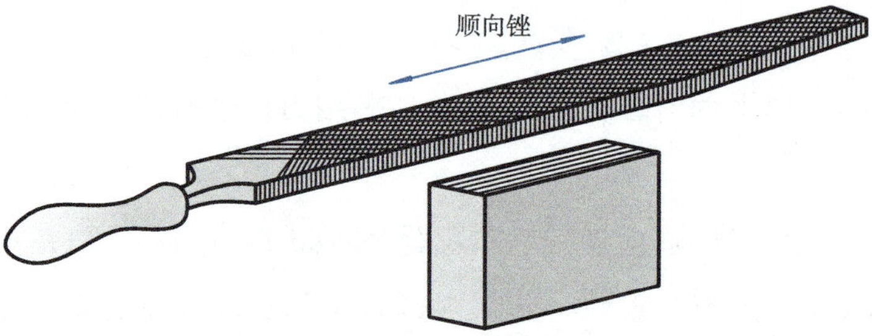

图 4-12 顺向锉

3）当锉纹整齐划一时，测量加工面。开始锉削会出现如图 4-13 所示的两种常见的质量问题。

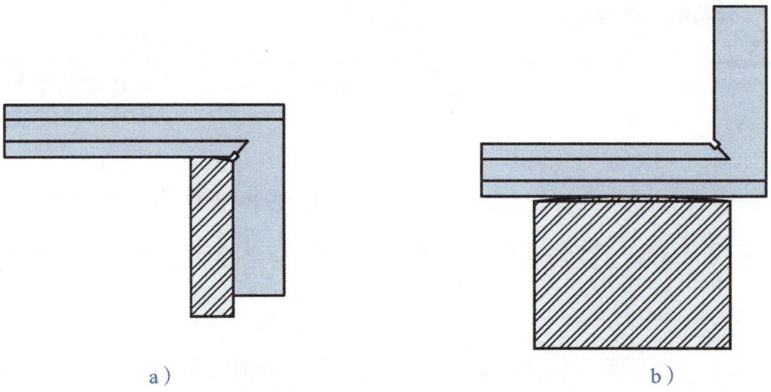

图 4-13 测量锉削面

a）垂直度不符合要求　　b）平面度不符合要求

4）顺向锉纠正锉削面高出部分。如图 4-14 所示，观察锉纹，由高处逐步扩大修整平面。

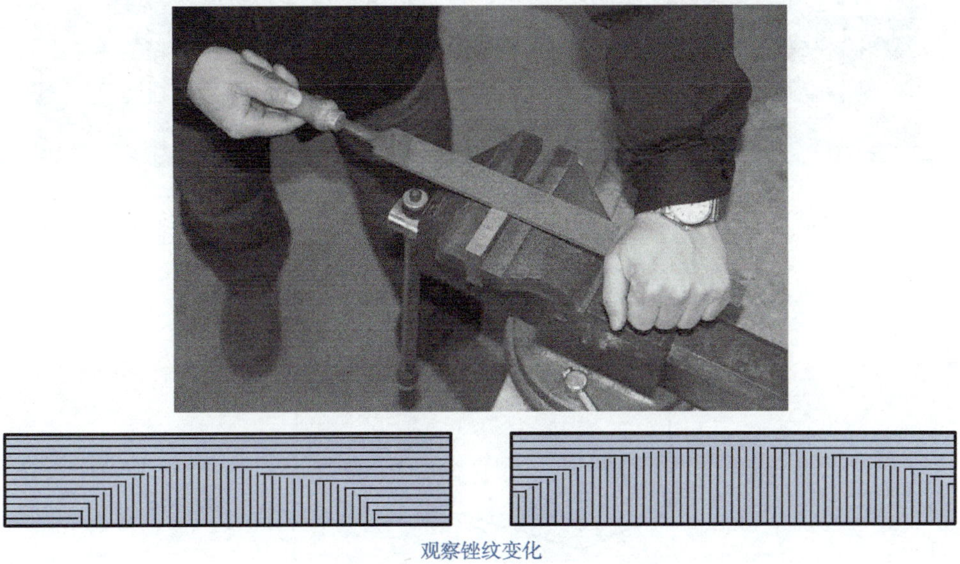

图 4-14　用锉刀修整高出部分

如果新锉纹在锉削面低处出现，则说明锉刀没有端平，锉削轨迹倾斜，如图 4-15 所示。

5）修整后，顺向锉统一锉纹。

6）测量加工面，从一侧观察，如果发现对角高低不同，如图 4-16 所示，或者刀口形直角尺测量两侧有角度误差，那么说明加工面扭曲。

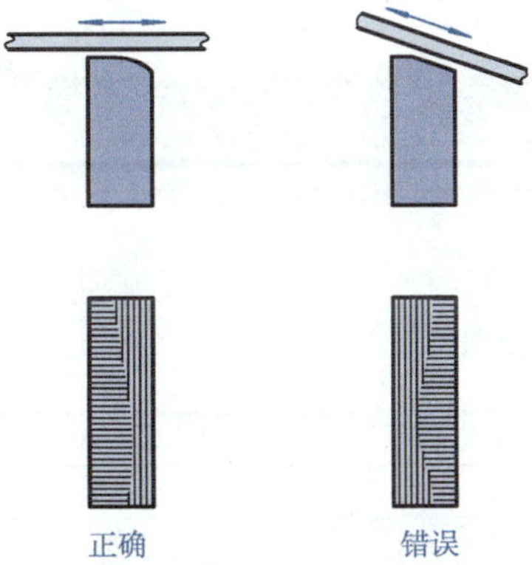

图 4-15　锉纹分析

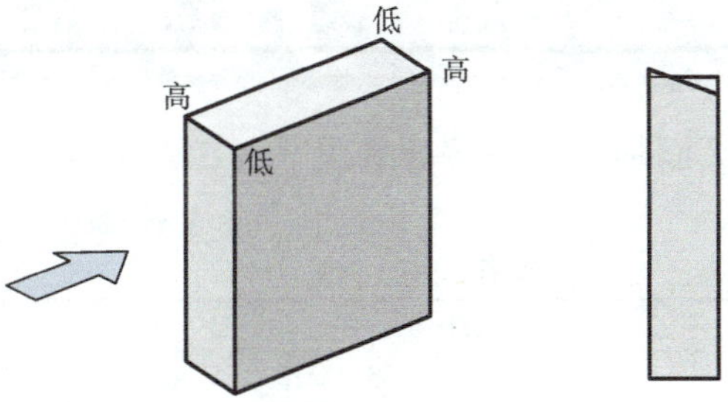

图 4-16　锉削平面扭曲

7）修整高出部分，用交叉锉，如图 4-17 所示。

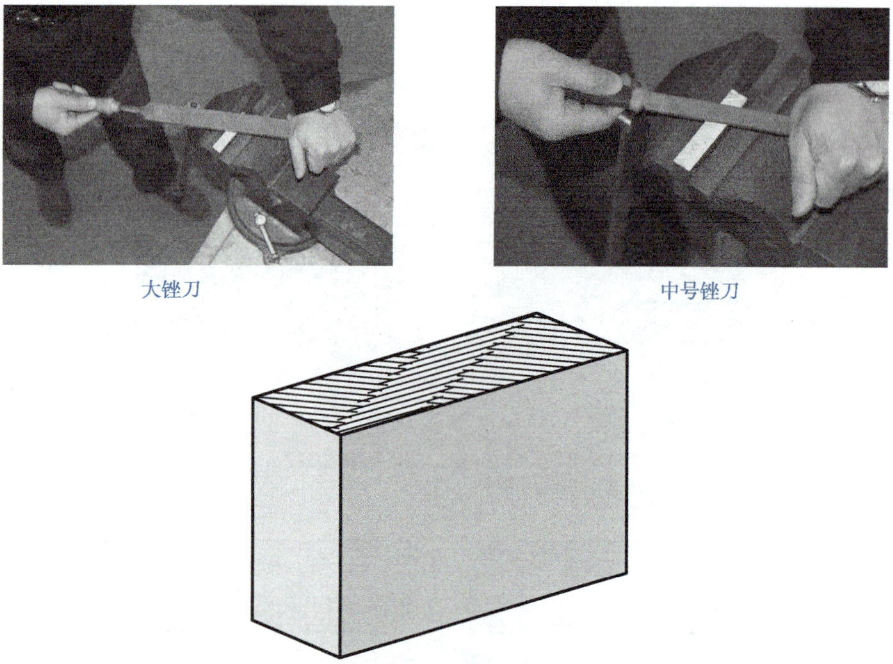

大锉刀　　中号锉刀

锉纹表现

图 4-17　交叉锉修整

8）交叉锉找平后，顺向锉统一锉纹。

如果还是中间凸，除可用前面介绍的方法外，也可用推锉找平。

9）最后，用整形锉平面推锉加工，达到要求的表面粗糙度。

10）检测平面达到要求后，清除毛刺，打钢印号码交工件。在锉削过程中应保持动作规范。

项目评价

平面加工任务评分表见表 4-3。

表 4-3　平面加工任务评分表

班级：__________　姓名：__________

序　号	项目任务		配　分	评分标准	自　评	得　分
1	操作动作（40%）	手持锉刀动作	10	手持锉刀错误发现一次扣 3 分		
2		站立步位	10	步位错误发现一次扣 3 分		
3		姿势动作	10	身体运动造成锉刀不成直线运动发现一次扣 3 分		
4		工具、量具的使用	10	工具、量具的使用不规范发现一次扣 3 分		

（续）

序　号	项目任务		配　分	评分标准	自　评	得　分
5	加工公差（45%）	⏥ 0.02	10	超差不得分		
6		⊥ 0.04 A	10	超差不得分		
7		*Ra*3.2μm	15	超差不得分		
8		顺向锉纹整齐	10	锉纹混乱不得分		
9	职业素质（15%）	团队合作	5	有违反视情节扣 1 ~ 5 分		
10		遵守纪律	5	有违反视情节扣 1 ~ 5 分		
11		迟到早退	5	有迟到早退现象扣 5 分		
12	安全文明操作		操作期间违反安全秩序规定视情况扣 5~10 分			
自评总分						
教师评价	得分：					

知识拓展

极限尺寸基本术语和定义如下：

（1）尺寸　尺寸是用特定单位表示线性尺寸的数值。机械工程图样上规定的特定单位是毫米（mm），在图样上省略不标。这里的尺寸值既包括圆的直径、圆弧的半径，也包括一般的长度、宽度、高度、深度和中心距等，但不包括角度单位表示的角度值。

1）公称尺寸。设计给定的尺寸称为公称尺寸，如图 4-18 所示。公称尺寸是零件满足使用要求所必需的尺寸，是判别零件加工后尺寸是否合格的依据，通过它应用上、下极限偏差可计算出极限尺寸。

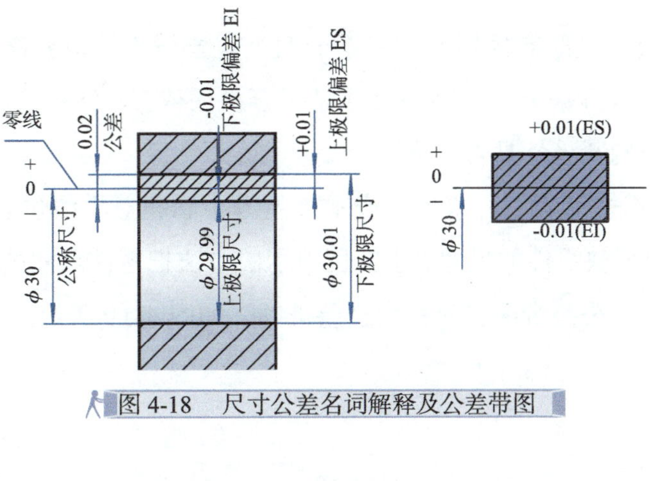

图 4-18　尺寸公差名词解释及公差带图

2）实际尺寸。测量人员使用量具通过测量得到的尺寸称为测量尺寸。由于存在各种因素引起的测量误差，所以实际尺寸并非尺寸的真值。同时，由于实际零件存在形状误差，在零件的不同位置或同一位置不同方向测出的结果也各不相同。

3）极限尺寸。允许尺寸变化的两个极端值，它以公称尺寸为基数来确定。允许的最大尺寸称为上极限尺寸，允许的最小尺寸称为下极限尺寸。

对于一个零件，加工以后判断它的尺寸是否合格，就要看它的实际尺寸是否在规定的两极端值之间。

（2）尺寸偏差（简称偏差） 偏差是指某一尺寸减其公称尺寸所得的代数差，偏差可以为正、负或零值。如图 4-18 所示，上极限尺寸减其公称尺寸所得的代数差称为上极限偏差，下极限尺寸减其公称尺寸所得的代数差称为下极限偏差。上极限偏差和下极限偏差统称为极限偏差。实际尺寸减其公称尺寸所得的代数差称为实际偏差。

由于上、下极限尺寸可以大于、小于或等于公称尺寸，因此极限偏差可以为正值、负值或零。但上极限偏差总是大于下极限偏差的。极限偏差（除零外）数值前必须有“+”号或“–”号。

极限尺寸是设计时确定的，是允许尺寸的变动界限，所以极限偏差也是设计时确定的，是允许实际偏差的变动界限。一般零件加工后的实际偏差只要在上、下极限偏差限定的范围内，则零件尺寸即为合格。

极限偏差的标注形式为：公称尺寸$^{上极限偏差}_{下极限偏差}$，或公称尺寸 ± 极限偏差数值（对称偏差）。

（3）尺寸公差（简称公差） 尺寸公差是指允许尺寸的变动量，即上极限尺寸减下极限尺寸之差，或上极限偏差减下极限偏差之差。尺寸公差是一个没有符号的绝对值。

极限偏差和公差是既有区别又有联系的两个重要概念。两者都是设计时确定的。极限偏差用以限制实际偏差，是判断尺寸是否合格的依据；公差是零件尺寸精度的一种度量，不能用于判断零件是否合格。

1）公差带和公差带图：公差带是表示公差大小和相对零线位置的一个区域。在实际中，为清楚地反映零件的尺寸公差，用图示的方法把零件尺寸的公差带表示出来，这种示意图称为尺寸公差带图，简称为公差带图，如图 4-19 所示。

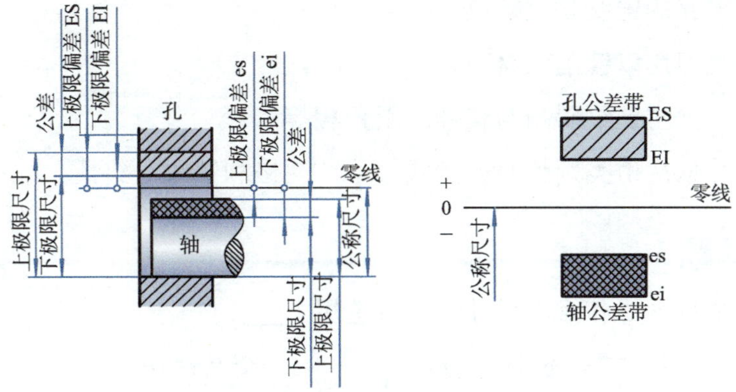

图 4-19　尺寸公差带及公差带图

2）零线：公差带图中，确定偏差的一条基准直线，即零偏差线。通常零线表示公称尺寸。

3）基本偏差：用以确定公差带相对于零线位置的上极限偏差或者下极限偏差，一般为靠近零线的那个极限偏差。

项目总结

矩形块锉削的质量分析见表 4-4。

表 4-4　矩形块锉削的质量分析

质量问题	产生原因
工件表面夹伤或变形	1. 台虎钳未装软钳口 2. 夹紧力过大
工件表面粗糙度超差	1. 锉刀齿纹选用不当 2. 锉纹中间嵌有锉屑未及时清除 3. 粗、精锉削加工余量选用不当 4. 直角边锉削时未选用光边锉刀
工件平面度超差（中凸、塌边或塌角）	1. 锉刀选用不当或锉刀面中凸 2. 锉削时双手推力、压力应用不协调 3. 未及时检查平面度就改变锉削方法 4. 操作动作不规范

项目练习

一、判断题

1. 锉削过程中，两手对锉刀压力的大小应保持不变。　　（　　）

2. 锉刀的硬度应为 62~67HRC。　　（　　）

3. 顺向锉法可使锉削表面得到正直的锉痕，比较整齐美观。　　（　　）

4．主锉纹覆盖的锉纹是主锉纹。（　　）

5．单锉纹锉刀用以锉削软材料。（　　）

6．同一锉刀上主锉纹斜角与辅锉纹斜角相等。（　　）

7．锉刀编号依次由类别代号、型式代号、规格和锉纹号组成。（　　）

二、选择题

1．在锉削窄长平面和修整尺寸时，可选用 ____。

a. 推锉法　　b. 顺向锉法　　c. 交叉锉法

2．在锉刀工作面上起主要锉削作用的锉纹是 ____。

a. 主锉纹　　b. 辅锉纹　　c. 边锉纹

3．钳工锉的主锉纹斜角为 ____。

a. 45° ~ 52°　　b. 65° ~ 72°　　c. 90°

4．锉刀断面形状的选择取决于工件上的 ____。

a. 锉削表面形状　　b. 锉削表面大小　　c. 工件材料软硬

5．1 号纹锉刀用于 ____ 的锉削。

a. 锉削余量较大　　b. 锉削余量适中　　c. 锉削余量较小

6．5 号纹锉刀用于 ____ 锉刀。

a. 细齿　　b. 双细齿　　c. 油光

7．锉削软材料时，若没有单纹锉，可选用 ____ 锉刀。

a. 细齿　　b. 中齿　　c. 粗齿

三、计算题

已知某个孔尺寸为 $\phi 125^{+0.05}_{-0.2}$ mm，试求它的最大尺寸和公差。与之相配合的轴尺寸为 $\phi 125^{+0.18}_{-0.05}$ mm，试求它们的最大间隙量。

四、简答题

1．简述锉削内圆弧面的要点。

2．为什么锉刀的主锉纹斜角和辅锉纹斜角制成不等角？

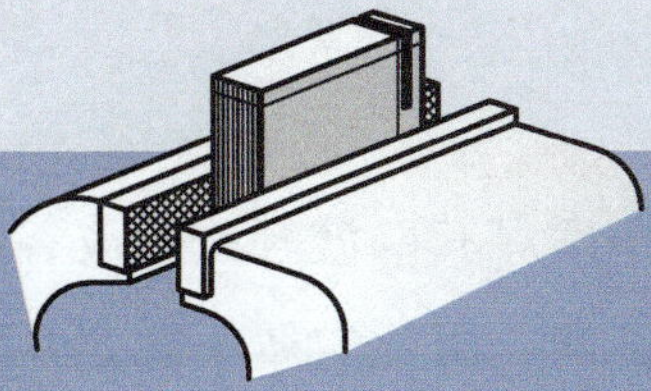

项目五

长方体加工

项目目标

本项目综合了划线、锯削和锉削加工，结合表面粗糙度和几何公差知识，对照评分表学会检测工件，进一步加强尺寸精度意识。

项目描述

利用锉削加工 14mm 钢板的四个面（边）达到图样要求，如图 5-1 所示。

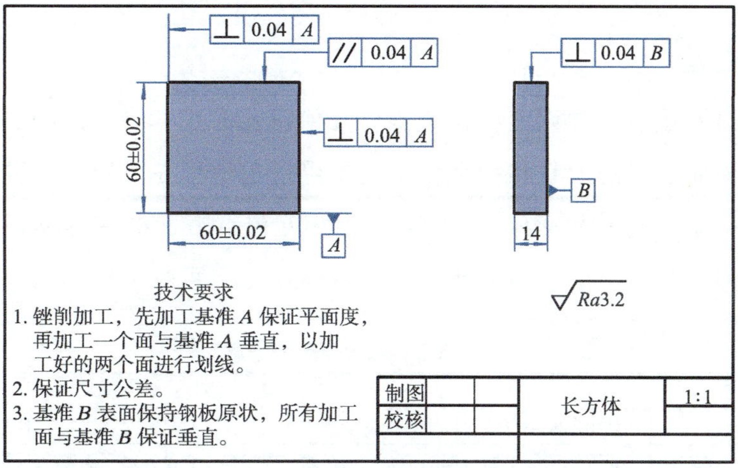

图 5-1　长方体

相关知识

锉削加工从粗锉、细锉到精锉，从加工到测量，使锉削加工面尺寸逐步达到公差要求，这一过程要操作者耐心细致，不能因急于求成而造成尺寸超差，从而导致工件报废。

1. 表面粗糙度（*Ra*）

表面粗糙度是指加工面具有的较小间距和微小峰谷不平度。其两波峰或两波谷之间的距离（波距）很小（在 1mm 以下），用肉眼是难以区别的，因此它属于微观几何形状误差。表面粗糙度值越小，则表面越光滑。零部件机械加工的不同表面特征的表面粗糙度值，见表 5-1。表面粗糙度符号的意义，见表 5-2。

表 5-1　不同表面特征的表面粗糙值

表 面 特 征	表面粗糙度 *Ra* 值	加工方法举例
明显可见刀痕	*Ra*100μm、*Ra*50μm、*Ra*25μm	粗车、粗刨、粗铣、钻孔
微见刀痕	*Ra*12.5μm、*Ra*6.3μm、*Ra*3.2μm	精车、精刨、精铣、粗铰、粗磨
看不见加工痕迹，微辩加工方向	*Ra*1.6μm、*Ra*0.8μm、*Ra*0.4μm	精车、精磨、精铰、研磨
暗光泽面	*Ra*0.2μm、*Ra*0.1μm、*Ra*0.05μm	研磨、珩磨、超精磨、抛光

表 5-2　表面粗糙度符号的意义

符　号	意　义	符　号	意　义
√	基本符号，没有补充说明时不能单独使用	√	用不去除材料方法获得的表面
√	用去除材料方法获得的表面	√*Ra*3.2	用不去除材料方法获得的表面，算术平均偏差 3.2μm
√*Ra*3.2	用任何方法获得的表面，算术平均偏差 3.2μm		
√*Ra*1.6	用去除材料方法获得的表面，算术平均偏差 1.6μm	√*Ra*3.2 *Ra*1.6	用去除材料方法获得的表面，上极限值为 *Ra*3.2μm，下极限值为 *Ra*1.6μm

2. 几何公差

零件加工后不仅有尺寸误差，构成零件几何特征的点、线、面的实际形状或相互位置与理想几何体规定的形状和相互位置还不可避免地存在差异，这种形状上的差异就是形状公差，意义与符号表示见表 5-3。而相互位置方面的差异体现在方向、位置和跳动上的误差，方向、位置和跳动的意义与符号表示见表 5-4。

表 5-3　形状公差符号意义

特 征 项 目	符　号	意　义
直线度	—	是限制实际直线对理想直线变动量的一项指标。它是针对直线发生不直而提出的要求
平面度	▱	是限制实际平面对理想平面变动量的一项指标。它是针对平面发生不平而提出的要求
圆度	○	是限制实际圆对理想圆变动量的一项指标。它是对具有圆柱面（包括圆锥面、球面）的零件，在一正截面（与轴线垂直的面）内的圆形轮廓要求
圆柱度	⌭	是限制实际圆柱面对理想圆柱面变动量的一项指标。它控制了圆柱体横截面和轴截面内的各项形状误差，如圆度、素线直线度、轴线直线度等
线轮廓度	⌒	是限制实际曲线对理想曲线变动量的一项指标。它是对非圆曲线的形状精度要求
面轮廓度	⌓	是限制实际曲面对理想曲面变动量的一项指标。它是对曲面的形状精度要求

表 5-4　方向、位置和跳动公差的符号意义

分　类	特征项目	符　号	意　义
定向	平行度	//	用来控制零件上被测要素（平面或直线）相对于基准要素（平面或直线）的方向偏离 0° 的要求，即要求被测要素对基准等距
	垂直度	⊥	用来控制零件上被测要素（平面或直线）相对于基准要素（平面或直线）的方向偏离 90° 的要求，即要求被测要素对基准成 90°
	倾斜度	∠	用来控制零件上被测要素（平面或直线）相对于基准要素（平面或直线）的方向偏离某一给定角度（0° ～ 90° ）的程度，即要求被测要素对基准成一定角度（除 90° 外）
定位	同轴度	◎	用来控制理论上应该同轴的被测轴线与基准轴线的不同轴程度
	对称度	⌯	一般用来控制理论上要求共面的被测要素（中心平面、中心线或轴线）与基准要素（中心平面、中心线或轴线）的不重合程度
	位置度	⌖	用来控制被测实际要素相对于其理想位置的变动量，其理想位置由基准和理论正确尺寸确定
跳动	圆跳动	↗	圆跳动是被测实际要素绕基准轴线做无轴向移动、回转一周中，由位置固定的指示器在给定方向上测得的最大与最小读数之差
	全跳动	⌰	是被测实际要素绕基准轴线做无轴向移动的连续回转，同时指示器沿理想素线连续移动，由指示器在给定方向上测得的最大与最小读数之差

项目实施

1. 准备工具、量具和材料

1）准备材料：本次任务取材由项目四的平面加工任务转来，尺寸为 70mm × 65mm × 14mm，材料为 Q235。

2）准备工具：锯弓、适量锯条、350mm1 号平锉刀、250mm3 号平锉刀、整形锉、钢丝刷和 100mm 毛刷。

3）准备量具：100mm 刀口形直角尺、150mm 游标卡尺、游标高度卡尺。

2. 加工步骤

1）修整基准平面 *A* 与基准平面 *B* 垂直，顺向锉保证平面度，如图 5-2 所示。操作中注意操作动作要规范，要多方面检测平面，检测方法与加工平面相同，确保平面度、垂直度和表面粗糙度要求。

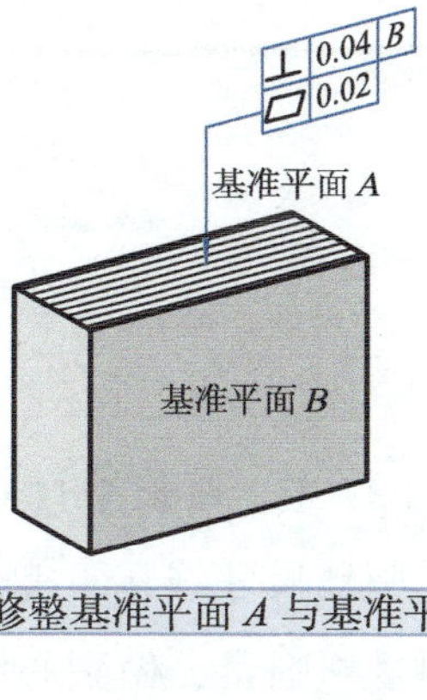

图 5-2　修整基准平面 *A* 与基准平面 *B* 垂直

2）以基准平面 *A* 顺向锉削一直角边，如图 5-3 所示。确保达到图样要求。

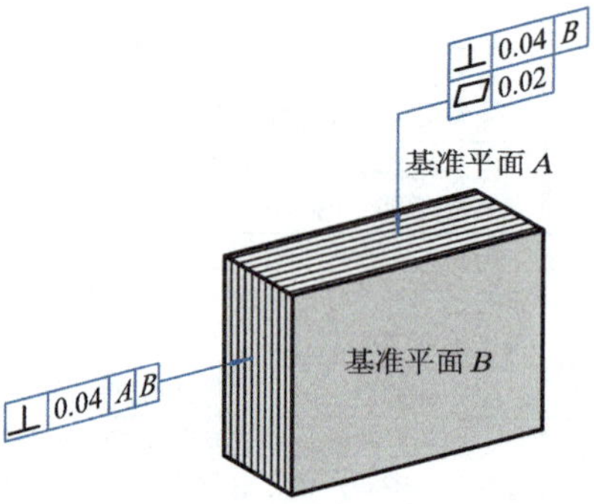

图 5-3 以基准平面 *A* 顺向锉削一直角边

3）以加工好的两个互相垂直的面为基准面，划线 60mm，如图 5-4 所示。将游标高度卡尺调整到 60.00mm，注意不能留余量。划线时使工件靠紧划线方箱，以保证工件稳定和垂直，如图 5-5 所示。

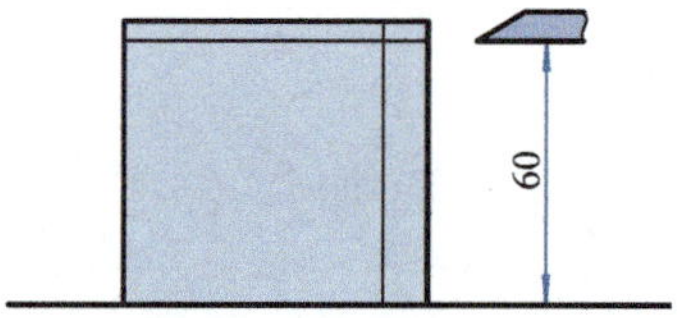

图 5-4 划线

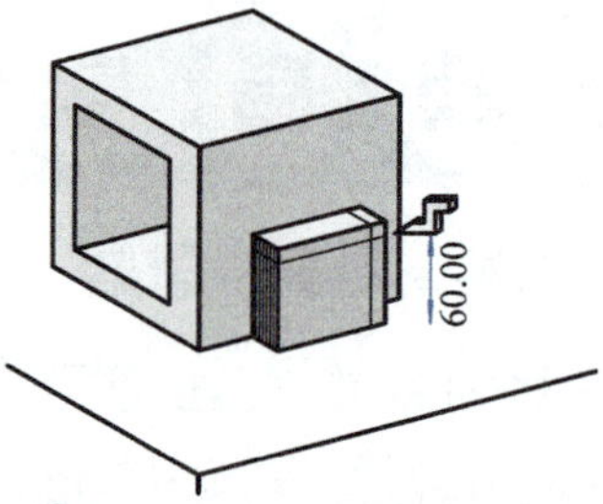

图 5-5 划线时使工件靠紧划线方箱

4）线划后开始锯削工件，注意锯削位置，不要压线或越线锯削预留加工余量，如图 5-6 所示。

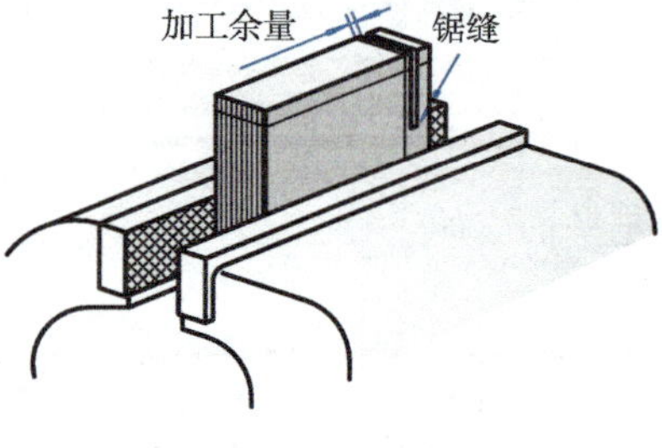

图 5-6 预留加工余量

5）加工尺寸，修整平行面。用大锉刀粗锉加工，加工过程要注意观察锉削平面要逐渐靠近所划尺寸线，不能过线。锉削过程中要加工面与基准面保持平行，锉削时随时进行测量锉削量，做到心中有数，防止锉削过量而无法弥补。

当锉削余量为 0.1 ~ 0.2mm 时，更换中齿锉刀进行锉削，当锉削余量为 0.05 ~ 0.08mm 时，更换整形锉进行锉光达到公差要求。

用游标卡尺多点检测平行度，用刀口形直角尺纵向、横向检测平面度，且要多部位测量，以便发现平面加工的质量问题，及时修正。初次加工的常见问题是，加工中由于测量跟进不够使得工件加工过线，造成尺寸小了。

6）检测平行度和尺寸。用游标卡尺、刀口形直角尺多部位测量（图 5-7），要注意规范使用卡尺，避免发生误读尺寸。

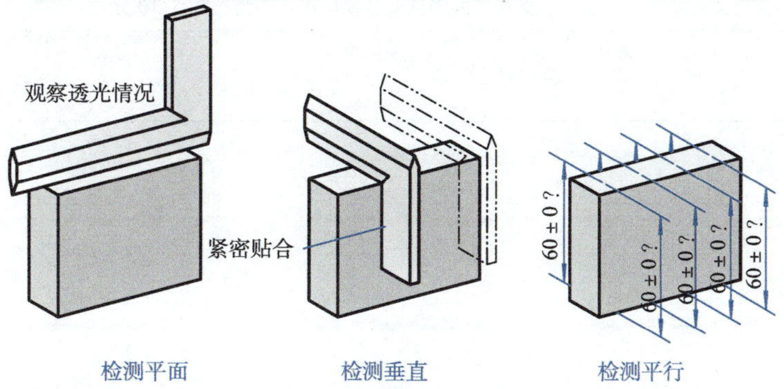

图 5-7　检测平面

若尺寸不到位，继续修整尺寸，直到修到尺寸公差为止。这一过程测量必不可少，正确使用量具直到锉削到尺寸公差。

修整好一面后，用相同方法修整另一面，直到尺寸公差为止。

7）清除毛刺，打号码交工件。

项目评价

正方体加工任务评分表见表 5-5。

表 5-5　正方体加工任务评分表

班级：________　姓名：________

序　号	项目任务		配　分	评分标准	自　评	得　分
1	操作动作（25%）	姿势动作	15	手持锉刀、步位、操作姿势不正确发现一次扣 3 分		
2		工具、量具的使用	10	工具、量具使用不规范发现一次扣 3 分		
3	加工公差（60%）	// 0.04 A	2×5	超差不得分		
4		⊥ 0.04 A	2×5	超差不得分		
5		⊥ 0.04 B	4×5	超差不得分		
6		（60 ± 0.02）mm	2×5	超差不得分		

（续）

序号	项目任务		配分	评分标准	自评	得分
7	加工公差（60%）	Ra3.2μm	4×1	超差不得分		
8		顺向锉纹整齐	6	锉纹混乱不得分		
9	职业素质(15%)	团队合作	5	有违反视情节扣 1 ~ 5 分		
10		遵守纪律	5	有违反视情节扣 1 ~ 5 分		
11		迟到早退	5	有迟到早退现象扣 5 分		
12	安全文明操作		操作期间违反安全秩序规定视情况扣 5~10 分			
自评总分						
教师评价	得分：					

知识拓展

制造更高一级的平面（曲面）可以用研磨的方法。

1. 研磨的定义

研磨是用研磨工具（研具）和研磨剂从工件表面磨去一层极薄金属的精加工方法。

2. 研磨的作用

1）可以使工件获得很高的加工尺寸精度和几何精度。

2）可以使工件获得很好的表面质量。

3. 研磨的种类

研磨分手工研磨和机械研磨两种，钳工一般采用手工研磨。

4. 手工研具

不同形状、材质的工件需要不同形状、材质的研具，常用的研具有研磨平板、研磨棒和研磨套等。

（1）研磨平板　研磨平板主要用于研磨一些有平面的工件表面，如研磨量块、精密量具的平面等。研磨平板分有槽的和光滑的两种，如图 5-8 所示。

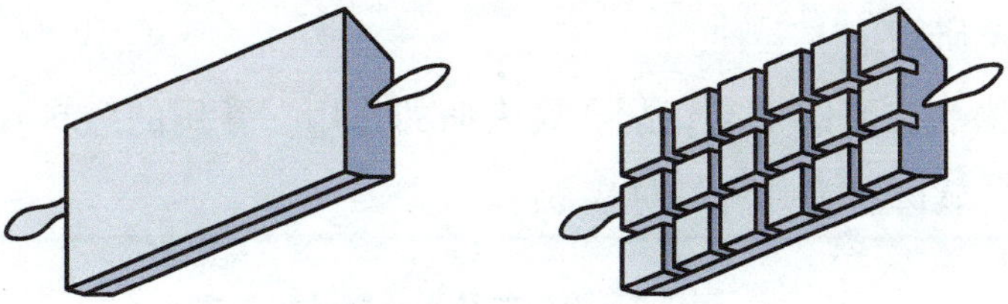

图 5-8　研磨平板

（2）研磨棒　研磨棒主要用于研磨套类工件的内孔。研磨棒有固定式和可调式两种，如图 5-9 所示。

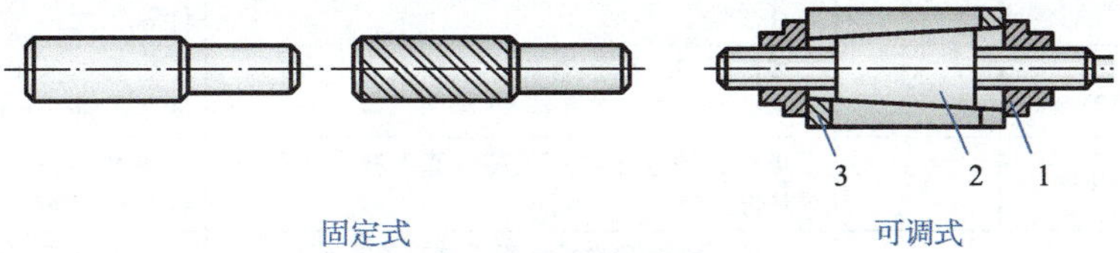

图 5-9　研磨棒

1—调整螺母　2—锥度芯轴　3—开槽研磨套

（3）研磨套　研磨套主要用于研磨轴类工件的外圆表面，如图 5-10 所示。

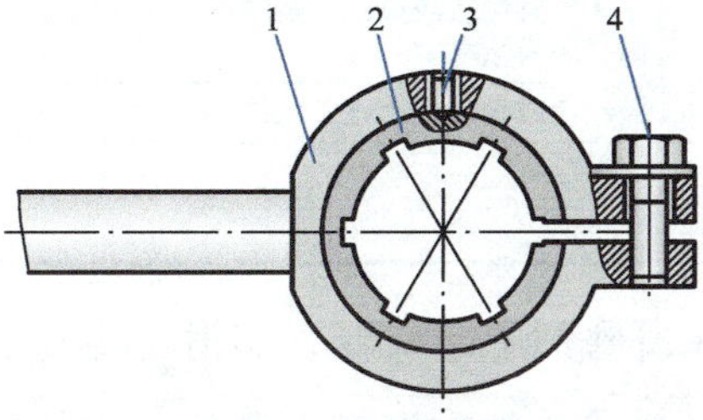

图 5-10　研磨套

1—夹箍　2—研磨套　3—紧固螺钉　4—调整螺钉

5. 研具材料（表 5–6）

表 5-6　研具材料

序　号	研具材料	特　点	应　用
1	灰铸铁	硬度适中，嵌入性好，价格低，研磨效果好	应用广泛
2	球墨铸铁	嵌入性更好，材质均匀、牢固	精密工件研具
3	软钢	韧性好，不易折断	小型工件研具
4	铜	材质较软，嵌入性好	研磨（软钢类）工件的研具

6. 研磨剂

研磨剂由磨料、研磨液、辅助材料调合而成。研磨剂常配制成液态研磨剂、研磨膏和固态研磨剂（研磨皂）三种。

（1）磨料　磨料在研磨中起切削金属表面的作用，常用的磨料有氧化物系、碳化物系、超硬磨料、软磨料等几种，见表 5-7。

表 5-7　磨料的种类、特性和用途

类　别	磨料名称	代　号	特　性	适用范围
氧化物	棕刚玉	A	棕褐色，硬度高，韧性大，价格便宜	粗、精研铸铁及硬青铜
	白刚玉	WA	白色，硬度比棕刚玉高，韧性比棕刚玉差	精研淬火钢、高速工具钢及有色金属
	铬刚玉	PA	玫瑰红或紫色，韧性大	研磨各种钢件、量具、仪表工件等
	单晶刚玉	SA	淡黄色或白色，硬度和韧性比白刚玉高	研磨不锈钢、高钒高速钢等强度高、韧性大的材料
碳化物	黑碳化硅	C	黑色，硬度比白刚玉高，脆而锋利，导电、导热性良好	研磨铸铁、黄铜、铝、耐火材料及非金属材料
	绿碳化硅	GC	绿色，硬度和脆性比黑碳化硅高	研磨硬质合金、硬铬、宝石、陶瓷、玻璃等
	碳化硼	BC	灰黑色，硬度次于金刚石，耐磨性好	精研和抛光硬质合金以及人造宝石等硬质材料
超硬材料	天然金刚石	JT	硬度极高，价格昂贵	精研和超精研硬质合金
	人造金刚石	JR	无色透明或淡黄色，硬度高，比天然金刚石脆，表面粗糙	粗、精研硬质合金和天然宝石
软磨料	氧化铁		红色或暗红色，比氧化铬软	精研或抛光钢、铸铁、玻璃、单晶硅等
	氧化铬	PA	深绿色	

（2）研磨液　研磨液在研磨剂中起稀释、润滑与冷却的作用。

（3）辅助材料　辅助材料是一种黏度较大和氧化作用较强的混合脂。它的作用是使工件表面形成氧化膜，加速研磨进程。常用的辅助材料有油酸、脂肪酸、硬质酸和工业甘油等。

7. 研磨方法及运动轨迹

（1）研磨方法

1）平面研磨。平面研磨应在非常平整的平板上进行，粗研时在有槽的平板上进行，精研时在光滑的平板上进行。

研磨前要根据工件的特点选择好合适的研具、研磨剂、研磨运动轨迹、研磨压力和研磨速度。

研磨分粗研、半精研和精研三步完成。

第一步粗研：粗研完成后要达到工件表面的机械加工痕迹基本消除，平面度接近图样要求的目标。

第二步半精研：半精研完成后要达到工件加工面机械加工痕迹完全消除，工件精度达到图样要求的目标。

第三步精研：精研完成后工件的精度、表面粗糙度要完全符合图样的要求。

2）外圆表面研磨。外圆表面研磨一般采用手工与机械相配合的方法用研磨套对工件进行研磨。

研磨外圆表面时，工件的转速一般是：直径 <80mm 时取 100r/min，直径 >100mm 时取 50r/min。

研磨时当研磨套往复速度适当时，工件上研磨出来的网纹成 45° 交叉线，移动太快则网纹与工件轴线夹角较小，反之则较大，如图 5-11 所示。

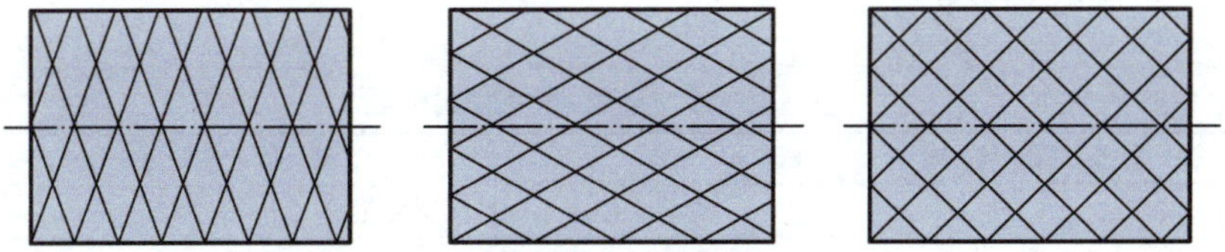

图 5-11　外圆表面的研磨速度

3）内孔研磨。内孔研磨时要将研磨棒夹紧在车床或钻床的主轴上转动，把工件套在研磨棒上研磨。

（2）研磨的运动轨迹（表 5-8）

表 5-8　研磨的运动轨迹

轨　迹	运动描述	特　点	应　用
直线	研磨按直线方式运动，不相互交叉，但容易重叠	使工件获得较高的精度和很小的表面粗糙度值	有台阶的狭长平面
直线与摆动	工件在做直线研磨的同时，做前后摆动	可获得比较好的平面度	刀口形直尺、刀口形直角尺等
螺旋线	工件以螺旋线滑移状研磨	可获得较好的平面度和很小的表面粗糙度值	圆柱形或圆片形工件
8 字形	工件研磨滑移的轨迹为 8 字形	可提高工件的质量，且能均匀使用研具	量规类小平面

8. 研磨的注意事项

1）研磨前，选择研具的材料要比工件的硬度低，并具有良好的嵌砂性、耐磨性和足够的刚性及较高的几何精度。

2）研磨时，研磨的速度不能太快，精度要求高或易于受热变形的工件，其研磨速度不超过 30m/min。手工粗磨时，每分钟往复 40 ~ 60 次；精研磨每分钟往复 20 ~ 40 次。

3）研磨外圆表面时，研磨套的内径应比工件的外径略大 0.025 ~ 0.05mm，研磨套的长度一般是其孔径的 1 ~ 2 倍。

4）研磨外圆表面时，对于直径大小不一的情况，可在直径大的部位多磨几次，直到直径相同为止。

5）研磨内孔时，研磨棒的外径应比工件内径小 0.01 ~ 0.025mm，研磨棒工作部分的长度为工件长度的 1.5 ~ 2 倍。

6）研磨内孔时，如孔口两端积有过多的研磨剂时，应及时清理。

研磨后，应将工件清洗干净，冷却至室温后再进行测量。

9. 研磨质量缺陷分析（表 5–9）

表 5-9 研磨质量缺陷分析

缺陷形式	产生原因
表面粗糙度不合格	1. 磨料太粗或不同粒度磨粒混合
	2. 研磨液选用不当
	3. 嵌砂不足或研磨剂涂得薄而不匀
	4. 研磨时清洁工作未做好
平面呈凸形或孔口扩大	1. 研磨剂涂得太厚
	2. 研磨棒伸出孔口太长
	3. 孔口多余研磨剂未及时清理
	4. 研具工作面的平面度差
孔的圆度和圆柱度不合格	1. 研磨时没有更换方向
	2. 研磨时没有用研磨棒的全长
薄形工件拱曲变形	1. 工作发热温度大，使工件变形
	2. 研具硬度不合适
	3. 工件夹持过紧引起变形
表面拉毛	研磨时研磨剂中混入杂质

项目总结

长方体锉削的质量分析（表 5-10）

表 5-10 长方体锉削的质量分析

质量问题	产生原因
工件表面夹伤或变形	1. 台虎钳未装软钳口 2. 夹紧力过大

（续）

质量问题	产生原因
工件表面粗糙度超差	1. 锉刀齿纹选用不当 2. 锉纹中间嵌有锉屑未及时清除 3. 粗、精锉削加工余量选用不当 4. 直角边锉削时未选用光边锉刀
工件尺寸超差	1. 划线不准确 2. 未及时测量尺寸或测量不准确
工件平面度超差（中凸、塌边或塌角）	1. 锉刀选用不当或锉刀面中凸 2. 锉削时双手推力、压力应用不协调 3. 未及时检查平面度就改变锉削方法 4. 操作动作不规范
工件平行度超差	1. 测量不准确，测量面不清洁 2. 测量点太少 3. 使用量具动作不规范 4. 基准面不平产生测量误差

项目练习

一、判断题

1. 研具的材料应当比工件的材料稍硬，否则其几何精度不易保持，而影响研磨精度。（　　）
2. 研磨时，为减小工件的表面粗糙度值，可加大研磨压力。（　　）
3. 碳化物磨料的硬度高于刚玉类磨料。（　　）
4. 直线研磨运动的轨迹不但能获得较高的几何精度，同时也能得到较低的表面粗糙度值。（　　）
5. 研磨为精加工，能得到精确的尺寸、较高的几何精度和极低的表面粗糙度。（　　）
6. 研磨是主要靠化学作用除去零件表面层金属的一种加工方法。（　　）
7. 研磨外圆柱时，研磨套往复运动轨迹要正确，形成网纹交叉线应为45°。（　　）
8. 研磨液在研磨加工中起到调和磨粒、冷却和润滑的作用。（　　）
9. 研磨余量大小应根据工件精度而定，与工件的尺寸大小无关。（　　）
10. 铸铁耐磨性良好，硬度适中，研磨剂涂布均匀，因此，广泛用作研具材料。（　　）
11. 用铜合金制成的研具，质软易被磨粒嵌入，所以常用来精研。（　　）
12. 金刚石磨粒的切削性能比氧化物、碳化物磨粒都低，实用效果较差。（　　）

13. 氧化物磨粒的切削能力最高，所以应用最广。 ( )

14. 磨粒的粒度号数大，磨粒粗；号数小，磨粒细。 ( )

15. 磨粒的粒度越粗，研磨精度越低。 ( )

16. 研磨小平面工件，通常采用 8 字形或仿 8 字形运动轨迹。 ( )

17. 研磨量块的测量面，应采用直线研磨运动轨迹。 ( )

18. 固定式研磨棒上的螺旋槽，主要用来存放研磨剂的。 ( )

19. 精研平板时，为了能及时把多余的研磨剂刮去，平板表面常加工出长槽。 ( )

二、选择题

1. 经淬硬的钢制零件进行研磨时，常用 ____ 材料作为研具。

   a. 淬硬钢　　b. 低碳钢　　c. 灰铸铁

2. 一般所用的研磨工具（研具）的材料硬度应 ____ 被研零件。

   a. 稍高于　　b. 稍低于　　c. 相同于

3. 研磨淬硬的钢制零件，应选用 ____ 为磨粒。

   a. 刚玉类材料　　b. 碳化物　　c. 金刚石

4. 研磨外圆柱面时，采用的研磨环内径应比工件的外径 ____ mm。

   a. 略小0.025~0.05　　b. 略大0.025~0.05　　c. 略小0.05~0.10

5. 研磨环在研磨外圆柱面时的往复运动速度 ____，将影响工件的精度和耐磨性。

   a. 太快　　b. 太慢　　c. 太快或太慢

6. 研磨余量的大小，应根据 ____ 来考虑。

   a. 零件的耐磨性　　b. 材料的硬度　　c. 研磨前预加工精度高低

7. 工件的表面粗糙度要求最低时，一般采用 ____ 加工。

   a. 精车　　b. 刮磨　　c. 研磨

8. 对工件平面进行精研加工时，应放在 ____ 平板上进行研磨。

   a. 无槽　　b. 有槽　　c. 光滑

9. 研磨有台阶的狭长平面，应采用 ____ 轨迹。

   a. 螺旋式研磨运动

   b. 8字形或仿8字形研磨运动

   c. 直线研磨运动

10．研磨小平面工件，通常都采用 ____ 轨迹。

a.螺旋式研磨运动

b.8字形或仿8字形研磨运动

c.直线研磨运动

11．样板角尺的圆弧测量面的研磨，应采用 ____。

a.摆动式直线　　b.直线　　c.8字形或仿8字形

12．粗研狭长平面，往复速度应取 ____。

a.20～40次/min　　b.40～60次/min　　c.>60次/min

13．研磨工件的内孔时，第一根研具的直径应比工件孔小 ____ mm。

a.0.01～0.015　　b.0.015　　c.0.005

14．手工研磨工件外圆时，将研磨剂均匀涂在工件被研表面，____ 做往复运动。

a.工件不动,转动研具　　b.研具不动,转动工件

15．成套整体式螺纹研具是由三根不同螺纹中径的螺杆组成，其中最大一根螺杆的中径为环规中径的 ____ 极限尺寸。

a.最大　　b.最小　　c.平均

16．研具通常采用比被研磨工件 ____ 的材料制成。

a.硬　　b.软　　c.相同

17．研磨的尺寸公差一般可达 ____。

a. IT9～IT10　　b. IT7～IT9　　c.IT6以上

18．研磨工件，可达到工件表面粗糙度值为 ____。

a. $Ra1.6 \sim Ra3.2\mu m$

b. $Ra0.16 \sim Ra1.6\mu m$

c. $Ra0.012 \sim Ra0.16\mu m$

19．为了保证研磨的加工精度，提高加工速度，一般研磨的加工余量为 ____ mm。

a.0.005～0.05　　b.0.05～0.1　　c.0.1～0.15

20．研磨硬质合金材料制成的工件，磨粒应采用 ____。

a.氧化铝　　b.碳化硅　　c.金刚石

21．工件经研磨后，工件的表面粗糙度是由于 ____ 引起的。

a.研磨时压力太大　b.磨粒太粗　　c.运动轨迹没有错开

22. 研磨后，工件平面呈凸形，其原因是 ____。

a. 研磨剂中混入杂质

b. 研磨时压力太大

c. 研磨剂涂得太薄

23. 研磨内孔，发现孔口扩大是由于 ____。

a. 研磨时孔口挤出的研磨剂未及时擦除

b. 研磨时没有更换方向

c. 研磨时没有及时掉头

24. 研具常用的材料有灰铸铁。而 ____ 因嵌存磨粒好，并能嵌得均匀，牢固而耐用，目前也得到广泛应用。

a. 球墨铸铁　　b. 铜　　c. 低碳钢

三、简答题

1. 简述平面研磨时，工件运动轨迹、压力及速度对研磨效果的影响。

2. 内孔研磨时，造成孔口扩大的主要原因有哪些？

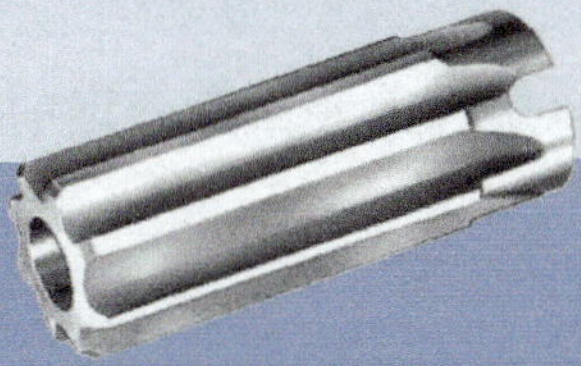

项目六

攻 螺 纹

项目目标

螺纹被广泛应用于各种机械设备、仪器仪表中，作连接、紧固、传动及调整之用。

在孔加工中钻孔相当于粗加工，根据孔的精度要求完成相应的其他工序，如扩孔、攻螺纹和铰孔等。此任务练习钻孔和攻螺纹工序。

项目描述

在上一项目的工件——长方体上攻螺纹，尺寸要求如图 6-1 所示。

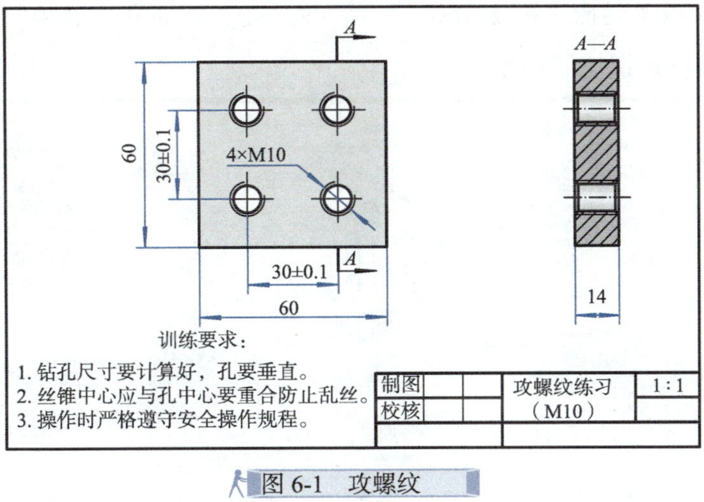

图 6-1 攻螺纹

相关知识

攻螺纹的工序是先钻孔后攻螺纹，钻孔是粗加工，在攻螺纹前要留有一定的加工余量，也就是钻孔的直径比 M10 的大径要小。

一、钻孔

用钻头在实体材料上加工圆孔的方法称为钻孔。

钻孔时，工件固定，钻头安装在钻床主轴上作旋转运动，称为主运动，钻头沿轴线方向移动称为进给运动。

钻削的运动如图 6-2 所示。

图 6-2　钻削的运动

1. 钻床

钻床是通过钻头在工件上加工孔的机床。钻床分为台式钻床（图 6-3a）、立式钻床（图 6-3b）和摇臂钻床（图 6-3c）等。可钻通孔、不通孔，更换特殊刀具，可扩、锪孔，铰孔或进行攻螺纹等加工。

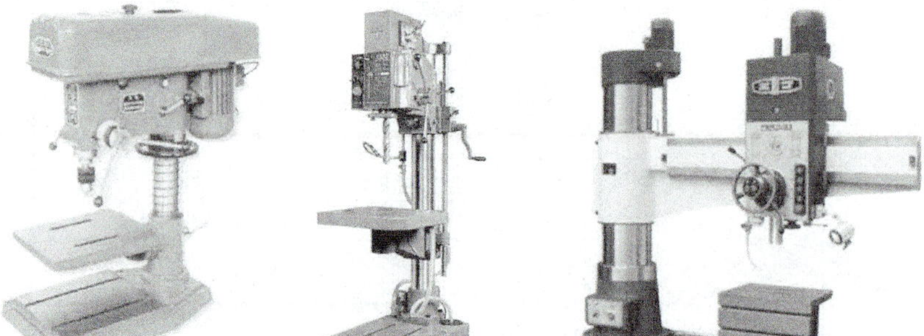

a）　　b）　　c）

图 6-3　钻床

a）台式钻床　b）立式钻床　c）摇臂钻床

2. 钻套

钻床结构简单，加工精度相对较低，为了提高钻孔的精度，可利用钻套来实现。钻套的作用主要是确定钻头、扩孔钻、铰刀等定尺寸刀具的轴线位置，钻套的意义在于它可以定位和引导刀具进行加工，从而提高孔加工的精度。钻套使用如图 6-4 所示。

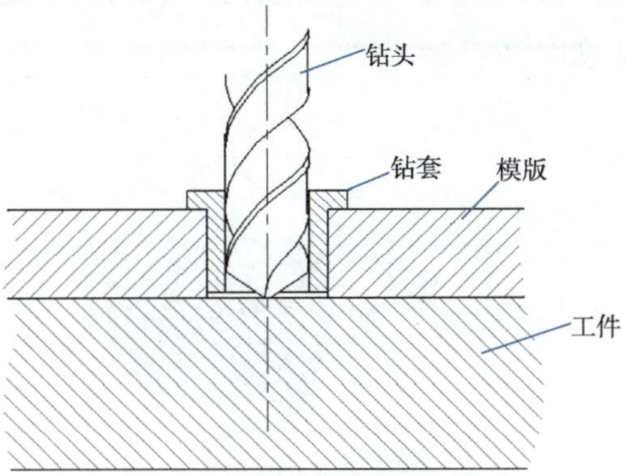

图 6-4　钻套使用示意图

3. 钻头

（1）麻花钻　麻花钻主要由工作部分、颈部和柄部组成。

它一般用高速工具钢（W18Cr4V）制成，淬火后硬度为 62 ~ 68HRC，如图 6-5 所示。

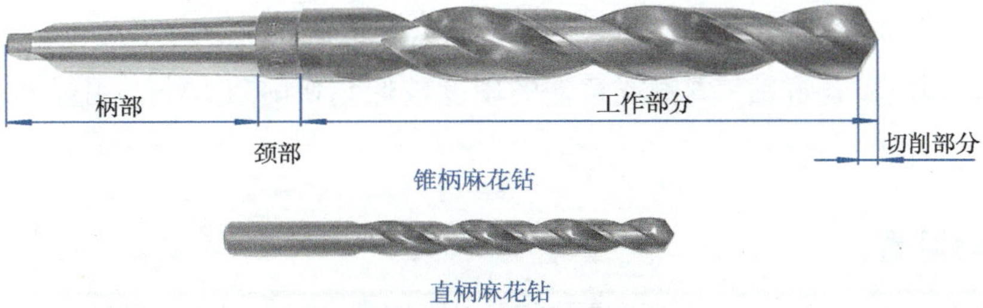

图 6-5　麻花钻组成

标准麻花钻的切削部分，如图 6-6 所示，由两条主切削刃、两条副切削刃、一条横刃和两个前刀面、两个主后刀面、两个副后刀面组成。

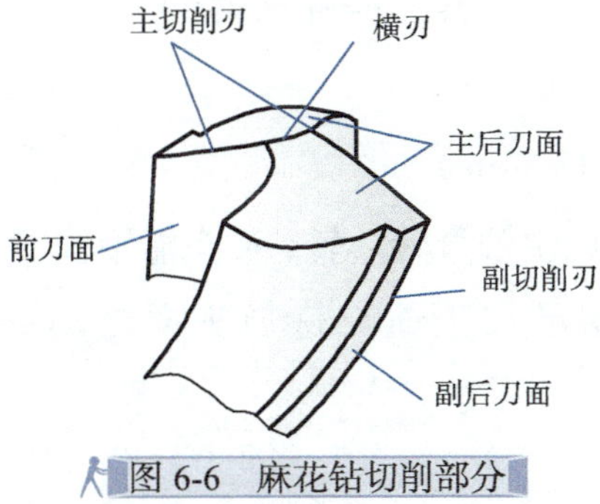

图 6-6　麻花钻切削部分

（2）群钻　群钻是用标准麻花钻头经刃磨而成的高加工精度、高生产率、高寿命、适应性强的新型钻头。

1）标准群钻。标准群钻主要是用于钻削碳钢和各种合金钢的。

其结构特点为三尖七刃、两种槽。三尖是由于在主后刀面上磨出了月牙槽，使主切削刃形成三个尖；七刃是两条外刃、两条内刃、两条圆弧刃和一条横刃；两种槽是月牙槽和单面分屑槽，如图 6-7 所示。

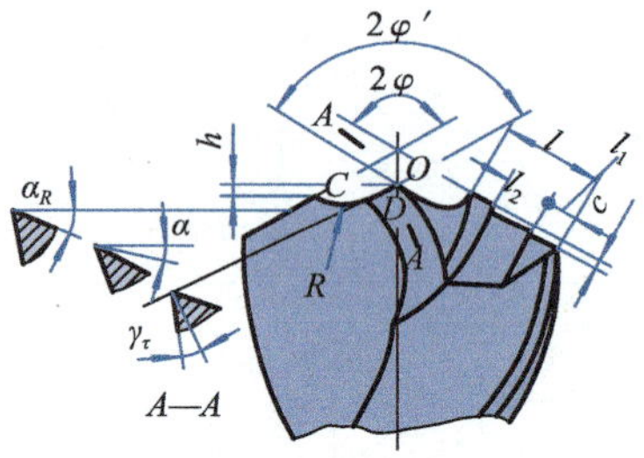

图 6-7　标准群钻

2）其他群钻。

① 钻薄板群钻：在薄板上钻孔时，因麻花钻钻尖高，当钻尖钻穿薄板时钻头立刻失去定心作用，轴向力也同时减小，使孔不圆，孔口毛边很大，甚至扎刀或折断钻头，所以不能使用麻花钻。

② 钻铸铁群钻：由于铸铁较脆，钻削时切屑呈崩碎状，挤压在钻头主后刀面、棱边与孔壁之间，不易排屑，易产生摩擦，使钻头磨损。

③ 钻青铜或黄铜群钻：青铜或黄铜的硬度较低，切削阻力小，用标准麻花钻钻削时，易产生“扎刀”现象。

4. 钻削用量

（1）钻削用量的组成　钻削用量包括切削速度、进给量和切削深度三要素。

1）切削速度（v）：指钻孔时钻头外缘上一点的线速度。

其计算公式为

$$v=\pi Dn/1000$$

式中　D——钻头直径（mm）；

n——钻床主轴转速（r/min）。

2）钻削时的进给量（f）：主轴每转一转，钻头沿轴线的相对移动量，单位是 mm/r。

3）切削深度（a_p）：指已加工面与待加工面之间的垂直距离，对钻削而言，$a_p=D/2$mm。

（2）钻削用量的选择

1）钻削用量的选择原则：选择钻削用量的目的，是在保证加工精度和表面粗糙度及刀具合理使用寿命的前提下，使生产率得到提高。

2）钻削用量的选择方法。

① 钻削速度的选择：钻削速度对钻头的寿命影响较大，应选取一个合理的数值，在实际应用中，钻削速度往往按经验数值选取（表 6-1），而将选定的钻削速度换算为钻床转速 n。$n=\dfrac{1000v}{\pi D}$（r/min）。

表 6-1 标准麻花钻的钻削速度

钻削材料	钻削速度 /（m/min）	钻削材料	钻削速度 /（m/min）
铸铁	12 ～ 30	合金钢	10 ～ 18
中碳钢	12 ～ 22	铜合金	30 ～ 60

② 进给量的选择：孔的表面粗糙度值要求较小和精度要求较高时，应选择较小的进给量；钻孔较深、钻头较长时，也应选择较小的进给量。标准麻花钻的进给量见表 6-2。

表 6-2 标准麻花钻的进给量

钻头直径 D/mm	＜3	3 ~ 6	6 ~ 12	12 ~ 25	＞25
进给量 f/（mm/r）	0.025 ~ 0.05	0.05 ~ 0.1	0.1 ~ 0.18	0.18 ~ 0.38	0.38 ~ 0.62

二、攻螺纹

用丝锥在工件的孔中加工出内螺纹的操作方法称攻螺纹。

1. 常用的三角螺纹

（1）米制螺纹 米制螺纹也称普通螺纹，分粗牙普通螺纹与细牙普通螺纹两种，牙型角为 60°。

粗牙普通螺纹主要用于紧固与连接。

细牙普通螺纹由于其具有螺距小，螺纹升角小，自锁性好的特点，除用于承受冲击、振动和变载的连接外，还可用于螺旋调整机构。

普通螺纹应用非常广泛，其规格均有国家标准。

（2）管螺纹 管螺纹是用于管道连接的一种寸制螺纹，分为非螺纹密封和用螺纹密封两类，牙型角为 55°。

非螺纹密封的螺纹副，其内、外螺纹都是圆柱螺纹，连接本身不具备密封性能。

用螺纹密封的螺纹副有两种形式：用圆锥内螺纹和圆锥外螺纹连接；用圆柱内螺纹和圆柱外螺纹连接。这两种连接方式本身都具有一定的密封能力。

2. 攻螺纹工具

（1）丝锥　丝锥是加工内螺纹的工具，主要分为机用丝锥与手用丝锥。

1）丝锥的构造。丝锥的主要构造如图 6-8 所示，它由工作部分和柄部构成，其中工作部分包括切削部分和校准部分。

丝锥的柄部做成方榫，可便于夹持。

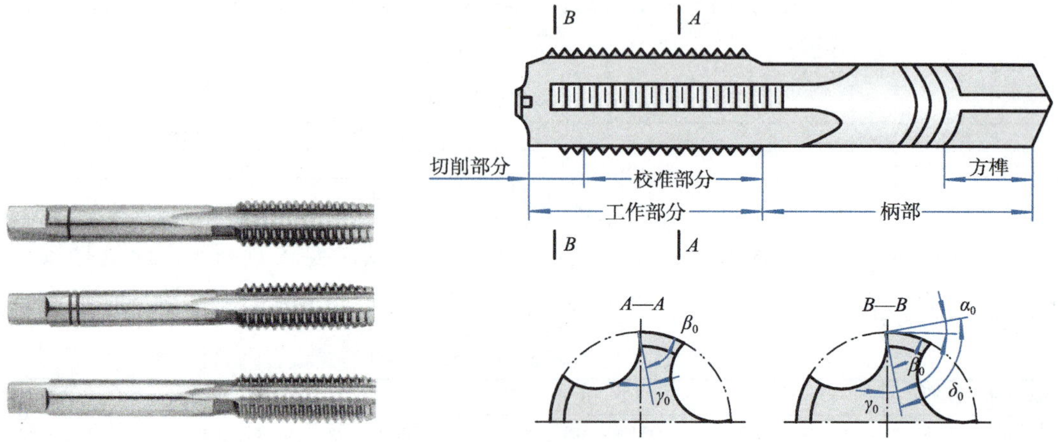

图 6-8　丝锥的构造

2）丝锥的选用。丝锥的种类很多，常用的有机用丝锥、手用丝锥、圆柱管螺纹丝锥、圆锥管螺纹丝锥等。

机用丝锥由高速工具钢制成，其螺纹公差带分 H1、H2 和 H3 三种；手用丝锥是指碳素工具钢的滚牙丝锥，其螺纹公差带为 H4。选用丝锥公差代号与螺纹公差代号见表 6-3。

表 6-3　丝锥的选用

丝锥公差带代号	被加工螺纹公差等级	丝锥公差带代号	被加工螺纹公差等级
H1	5H、4H	H3	7G、7H、6G
H2	6H、5G	H4	7H、6H

3）丝锥的成组分配。为减少切削阻力，延长丝锥的使用寿命，一般将整个切削工作分配给几只丝锥来完成。

通常 M6 ~ M24 的丝锥每组有两只；M6 以下和 M24 以上的丝锥每组有三只；细牙普通螺纹丝锥每组有两只。

圆柱管螺纹丝锥与手用丝锥相似，只是其工作部分较短，一般每组有两只。

（2）铰杠　铰杠是手工攻螺纹时用于夹持丝锥的工具，分普通铰杠（图 6-9）和丁字铰杠（图 6-10）两类。

各类铰杠又分为固定式和活络式两种。

丁字铰杠主要用于攻工件凸台旁的螺纹或箱体内部的螺纹。

活络式铰杠可以调节夹持丝锥方榫。

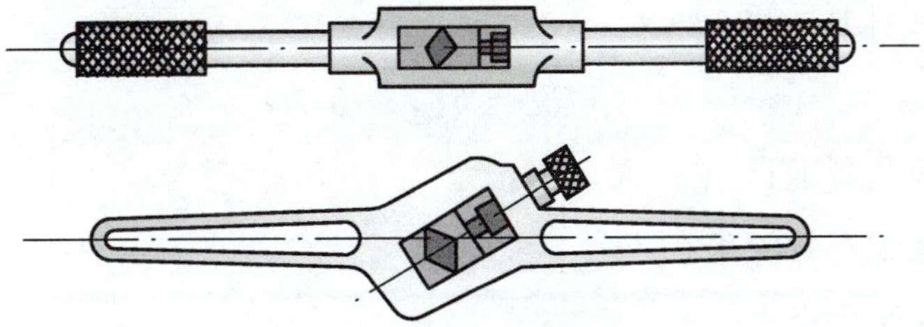

图 6-9　普通铰杠

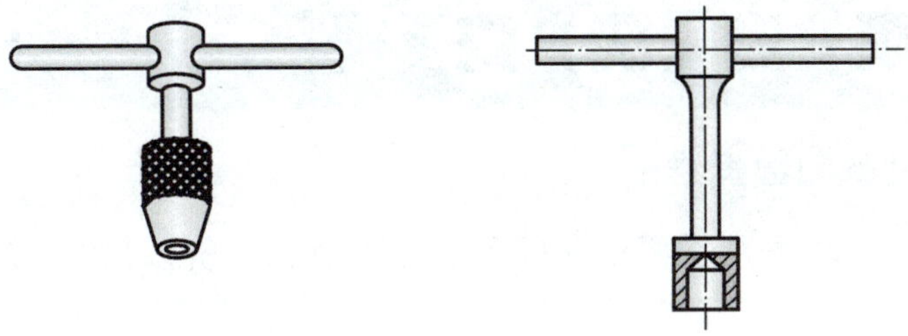

图 6-10　丁字铰杠

3. 攻螺纹时切削液的选用

攻螺纹时合理选择适当品种的切削液（表 6-4），可以有效地提高螺纹精度，降低螺纹的表面粗糙度值。

表 6-4　攻螺纹时切削液的选用

零件材料	切削液
结构钢、合金钢	乳化液
铸铁	煤油、75%煤油 +25%植物油
铜	机械油、硫化油、75%煤油 +25%矿物油
铝	50%煤油 +50%机械油、85%煤油 +15%亚麻油、煤油、松节油

4. 攻螺纹前底孔直径和底孔深度

（1）攻螺纹前底孔直径的计算　对于普通螺纹来说，底孔直径可根据下列经验公式计算得出：

脆性材料　$D_{底}=D-1.05P$

韧性材料　$D_{底}=D-P$

式中　$D_{底}$——底孔直径；

D ——螺纹大径；

P ——螺距。

（2）攻螺纹前底孔深度的计算　攻不通孔螺纹时，由于丝锥切削部分有锥角，前端不能切出完整的牙型，所以钻孔深度应大于螺纹的有效深度。

可按下面公式计算，即

$$H_{钻} = h_{有效} + 0.7D$$

式中 $H_{钻}$ ——底孔深度；

$h_{有效}$——螺纹有效深度；

D ——螺纹大径。

项目实施

1. 工具、设备和数据准备

（1）底孔直径　根据图样要求该任务的孔为通孔，所以只需计算底孔直径即可。计算如下：

Q235 钢材为韧性材料，故

选择公式

$$D_{底} = D - P$$

经查阅普通螺纹 M10 螺距为 1.5mm，得出底孔直径为

$$D_{底}=D - P=10\text{mm} - 1.5\text{mm}=8.5\text{mm}$$

（2）钻床准备

1）钻床转速：根据材料选择切削速度为 12 ~ 22 m/min，由

转速 $n=\dfrac{1000v}{\pi D}$ 得

$$n_1=\frac{1000\times 12}{3.14\times 8.5}\ \text{r/min} \approx 500\ \text{r/min}$$

$$n_2=\frac{1000\times 22}{3.14\times 8.5}\ \text{r/min} \approx 820\ \text{r/min}$$

故钻床转速取 500 ~ 820 r/min。

2）调整钻床转速步骤，如图 6-11 所示。

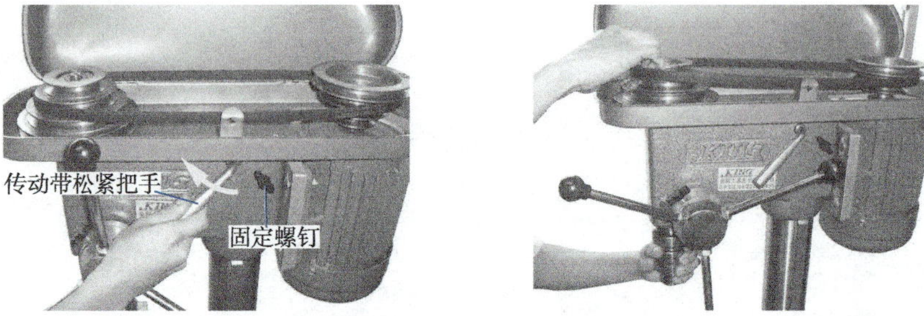

把手向内拉使传动带变松　　用左手稍微转动主轴，以使传动带进入传动带槽

图 6-11　调整转速

①断开电源，打开传动带盖。

②松固定螺钉，缩短带轮中心距离，放松传动带。

③一手盘动带轮，一手将传动带放入所需转速的传动带槽中。操作过程中，注意传动带挤手。

④推紧传动带，拧紧固定螺钉固定带轮中心距离。

⑤盖好传动带盖。

3）因是 Q235 钢材，手工攻螺纹时选用 3%～5%的乳化液。

4）其他工具准备：划线平台、游标高度卡尺、划针、150mm 钢板、锤子、样冲、台虎钳、ϕ 8.5mm 的钻头、ϕ 12mm 的钻头、M10（一攻、二攻各一个）、铰杠。

2. 钻孔步骤

1）安装钻头。钻头的拆装如图 6-12 所示。

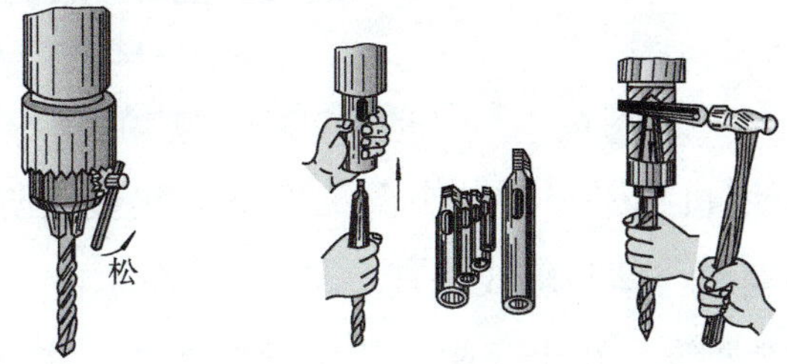

直柄麻花钻的拆装　　锥柄麻花钻的拆装

图 6-12　钻头的拆装

2）工件的装夹。工件在钻孔时，为保证钻孔的质量和安全，应根据工件的不同形状和切削力的大小，采用不同的装夹方法，如图 6-13 所示。

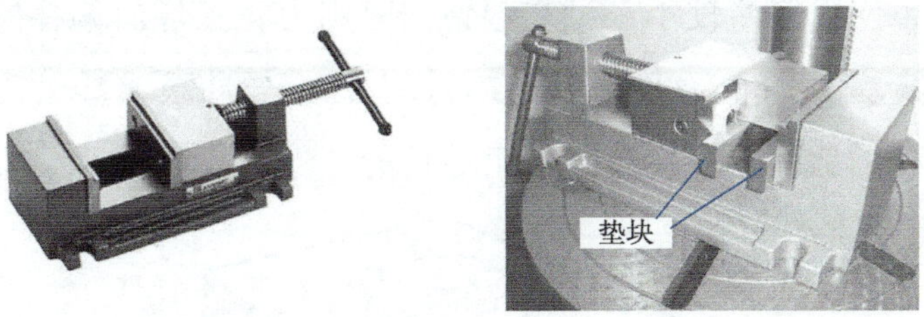

用台虎钳和垫块装夹工件

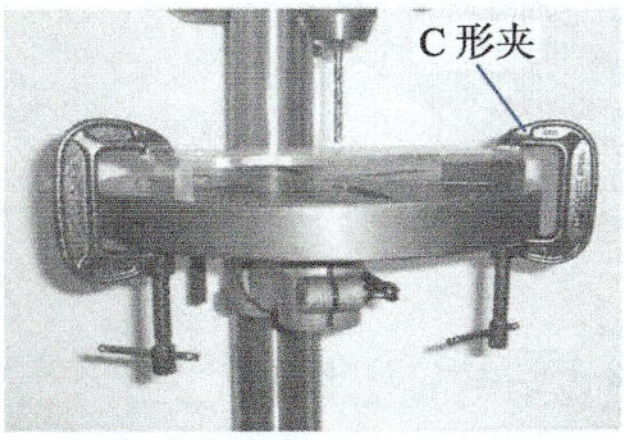

用 C 形夹装夹工件

用 V 形块装夹圆形工件

图 6-13　工件的装夹方法

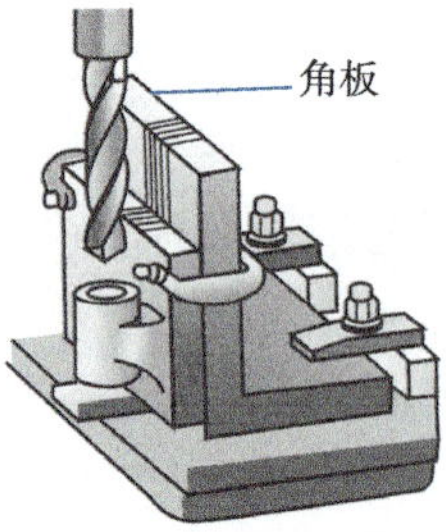

用角板装夹工件

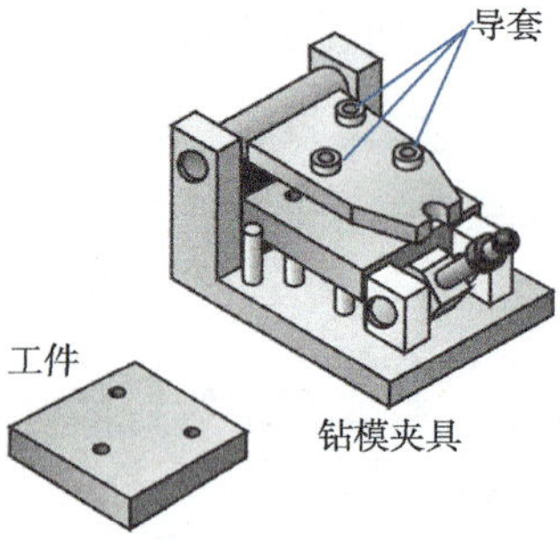

用钻模夹具协助钻孔

用万能夹具组装夹工件

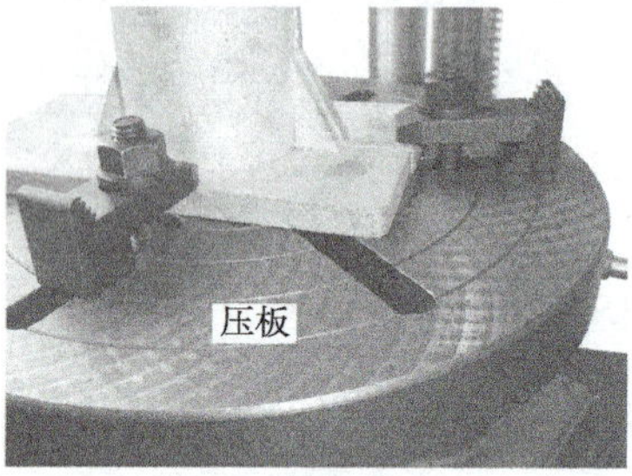

用压板装夹工件

图 6-13　工件的装夹方法（续）

本工件外形平整可用机用平口钳装夹。工件下部放垫块防止钻头钻坏机用平口钳。装夹时，应使工件表面与钻头轴线垂直。

3）工件按图样要求划线，在十字中心孔位置打样冲，注意按照打样冲操作步骤进行。

4）钻孔时，先使钻头对准钻孔中心轻钻出一个浅坑，观察钻孔位置是否正确，如有误差，及时校正，使浅坑与中心同轴。

借正方法：如位置偏差较小，可在起钻同时用力将工件向偏移的反方向推移，逐步借正；当位置偏差较大时，可在借正方向打上几个样冲眼或錾出几条槽，如图 6-14 所示，以减少此处的钻削阻力，达到借正的目的。

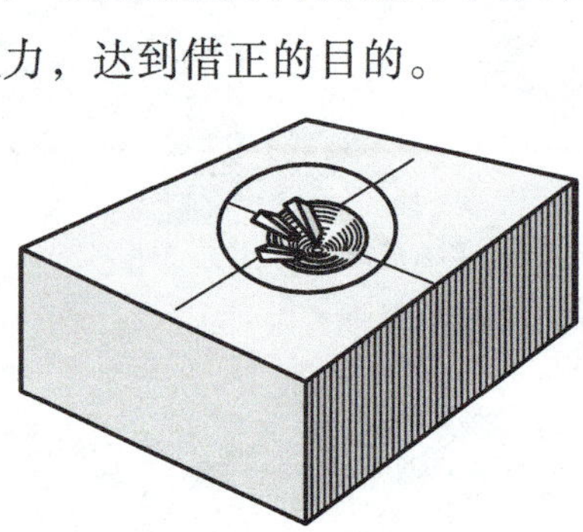

图 6-14　用錾槽来纠正钻偏的孔

5）手工进给操作：当起钻达到钻孔位置要求后，即可进行钻孔。

①进给时用力不可太大，以防钻头弯曲，使钻孔轴线歪斜。

②钻深孔或小直径孔时，进给力要小，并经常退钻排屑，防止切屑阻塞而折断钻头。

③孔即将钻通时，进给力必须减小，以免进给力突然过大，造成钻头折断，或使工件随钻头转动造成事故。

④钻孔时应加注足够的切削液，以达到钻头散热，减少摩擦，消除积屑瘤，降低切削阻力，提高钻头使用寿命，改善孔的表面质量的目的。

3. 攻螺纹

1）在螺纹底孔的孔口处用直径大于 12mm 的麻花钻倒角，如图 6-15 所示，通孔螺纹的两端均要倒角，这样可以保证丝锥比较容易地切入，并防止孔口出现挤压出的凸边。

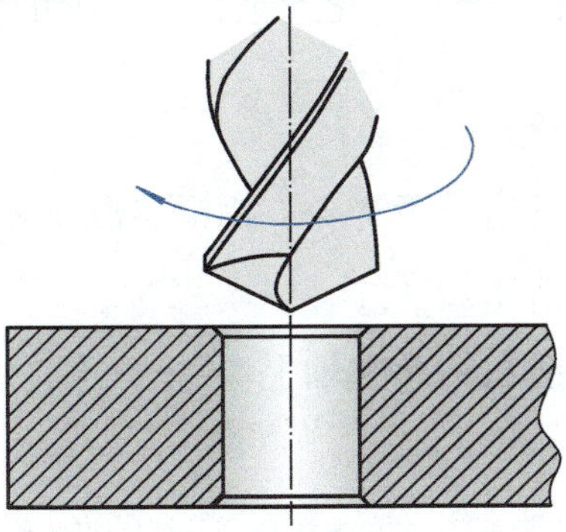

较大钻头倒角

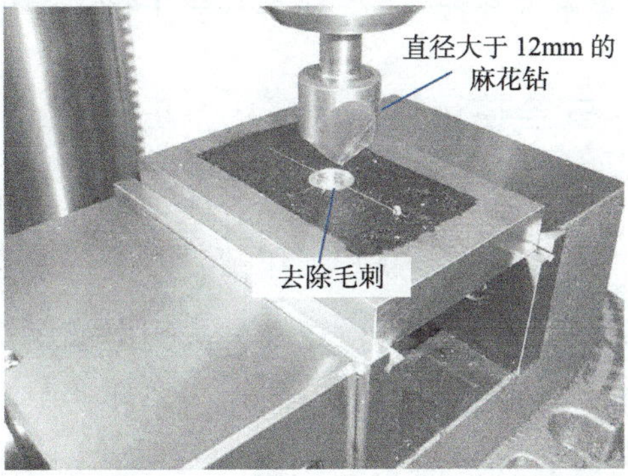

图 6-15　孔倒角

2）起攻时应使用头锥。用手掌按住铰杠中部，沿丝锥轴线方向加压用力，另一手配合作顺时针旋转；或两手握住铰杠两端均匀用力，并将丝锥顺时针旋进，如图 6-16 所示。一定要保证丝锥中心线与底孔中心线重合，不能歪斜。

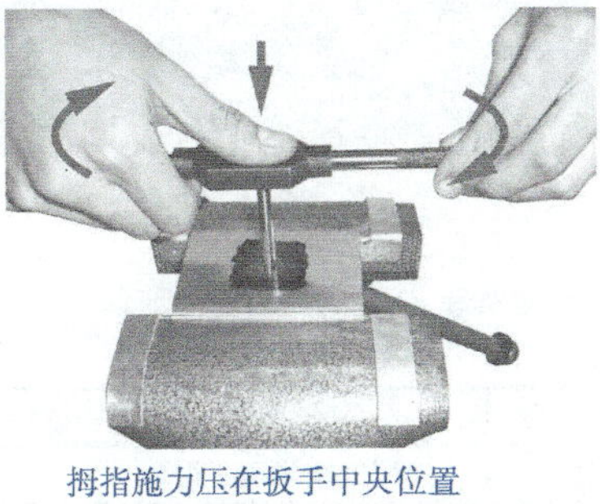

拇指施力压在扳手中央位置

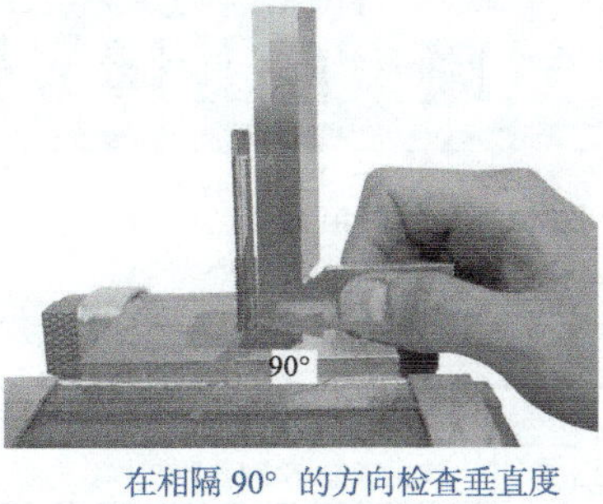

在相隔 90° 的方向检查垂直度

图 6-16　起攻

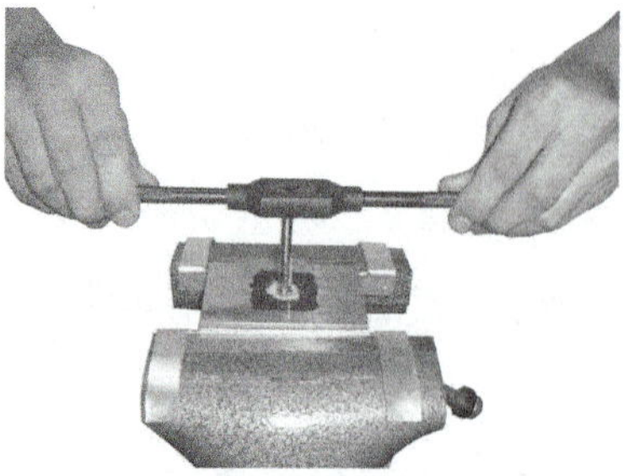

等速缓慢旋转，同时加注切削液

反转扳手，退出工件

图 6-16 起攻（续）

3）当丝锥切削部分全部进入工件时，不要再施加压力，只需靠丝锥自然旋进切削。此时，两手要均匀用力，铰杠每转 1/2 ~ 1 圈，应倒转 1/4 ~ 1/2 圈断屑。

4）攻螺纹时必须按头锥、二锥、三锥的顺序攻削，以减小切削负载，防止丝锥折断。

5）攻不通孔螺纹时，可在丝锥上做上深度标记，并经常退出丝锥，将孔内切屑清除。

4. 安全使用钻床

1）钻孔前，清理好工作场地，检查钻床安全设施是否齐备，润滑状况是否正常。

2）扎紧衣袖，戴好工作帽，严禁戴手套操作钻床。

3）开动钻床前，检查钻夹头钥匙或斜铁是否插在钻床主轴上。

4）工件应装夹牢固，不能用手扶持工件钻孔。

5）清除切屑时不能用嘴吹、手拉，要用毛刷清扫，缠绕在钻头上的长切屑，应停车用铁钩去除。

6）停车时应让主轴自然停止，严禁用手制动。

7）严禁在开车状态下测量工件或变换主轴转速。

8）清洁钻床或加注润滑油时应切断电源。

项目评价

攻螺纹任务评分表见表 6-5。

表 6-5 攻螺纹任务评分表

班级：________ 姓名：________

序号	项目任务		配分	评分标准	自评得分
1	钻孔（45%）	按钻床操作规程操作	25	违反安全规程不得分	
2		孔壁表面粗糙度小于 $Ra6.4\mu m$	4×5	超差不得分	
3	尺寸（20%）	（30±0.1）mm	2×5	超差不得分	
4		对角中心距（42±0.16）mm	2×5	超差不得分	

（续）

序　号	项目任务		配　分	评分标准	自　评	得　分
5	攻螺纹（20%）	孔轴线与孔端面垂直	5	不符合要求不得分		
6		攻螺纹中及时回转断屑	5	不符合要求不得分		
7		攻螺纹时铰杠没有晃动	5	不符合要求不得分		
8		没有乱牙现象	5	不符合要求不得分		
9	职业素质（15%）	团队合作	5	有违反视情节扣 1 ~ 5 分		
10		遵守纪律	5	有违反视情节扣 1 ~ 5 分		
11		迟到早退	5	有迟到早退现象扣 5 分		
12	安全文明操作		操作期间违反安全秩序规定视情况扣5~10分			
自评总分						
教师评价	得分：					

知识拓展

介绍与任务相关的难度较大的理论或相关的新知识。

一、扩孔

用扩孔工具将工件上已加工孔径扩大的操作称为扩孔。

扩孔具有切削阻力小；产生的切屑小、排屑容易；避免了横刃切削引起的不良影响的特点。

扩孔公差可达 IT9 ~ IT10 级，表面粗糙度可达 $Ra3.2\mu m$。因此，扩孔常作为孔的半精加工和铰孔前的预加工。

1. 扩孔钻的种类

扩孔钻按刀体结构可分为整体式和镶片式两种；按装夹方式可分为直柄、锥柄和套式三种，如图 6-17 所示。

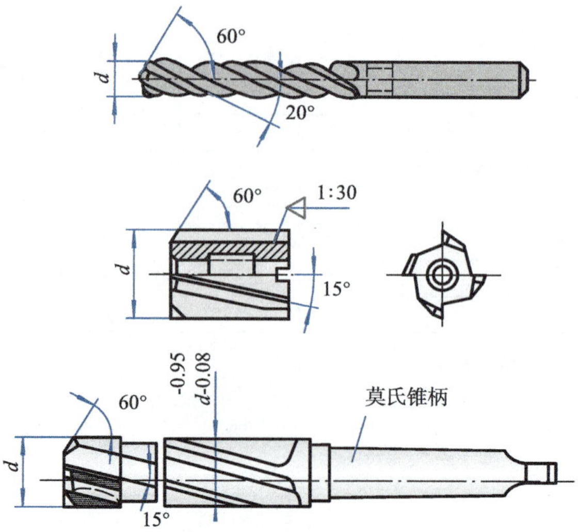

图 6-17 扩孔钻

2. 扩孔钻的结构特点

由于扩孔条件的改善，扩孔钻的工作部分与麻花钻存在较大的不同，如图 6-18 所示。

1）由于扩孔钻中心不切削，因此没有横刃，切削刃只有外缘处的一小段。

2）钻心较粗，可以提高刚性，使切削更加平稳。

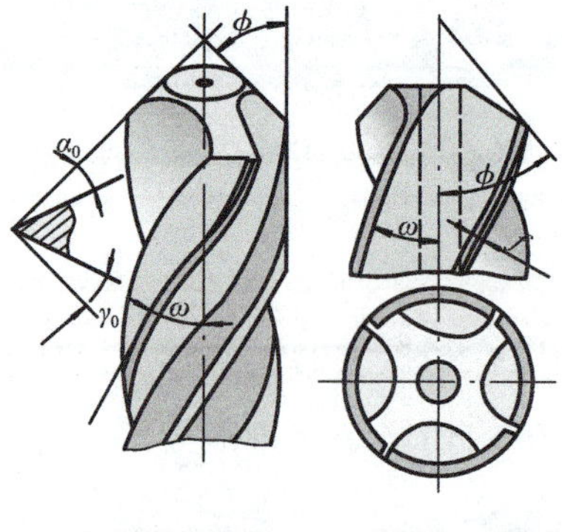

图 6-18 扩孔钻的工作部分

3）因扩孔产生的切屑体积小，容屑槽也浅，因此扩孔钻可做成多刀齿，以增强导向作用。

4）扩孔时切削深度小，切削角度可取较大值，使切削省力。

5）一般预钻孔直径为扩孔直径的 0.9 倍，进给量为钻孔的 1.5 ~ 2 倍，切削速度为钻孔的 1/2。

二、铰孔

用铰刀从工件孔壁上切除微量的金属层，以提高孔的尺寸精度和降低表面粗糙度值的加工方法称为铰孔。

铰孔属于对孔的精加工，一般铰孔的尺寸公差可达到 IT7 ~ IT9 级，表面粗糙度可达 $Ra1.6\mu m$。

1. 铰刀的种类及结构特点

（1）铰刀的种类　铰刀按刀体结构可分为整体式铰刀、镶齿式铰刀和装配可调铰刀（图 6-19a）；按外形可分为圆柱铰刀和圆锥铰刀（图 6-19b）；按使用场合可分为手用铰刀和机用铰刀（刀柄末端为方形，方便扳手夹持）；按刀齿形式可分为直齿铰刀和螺旋齿铰刀（图 6-19c）。

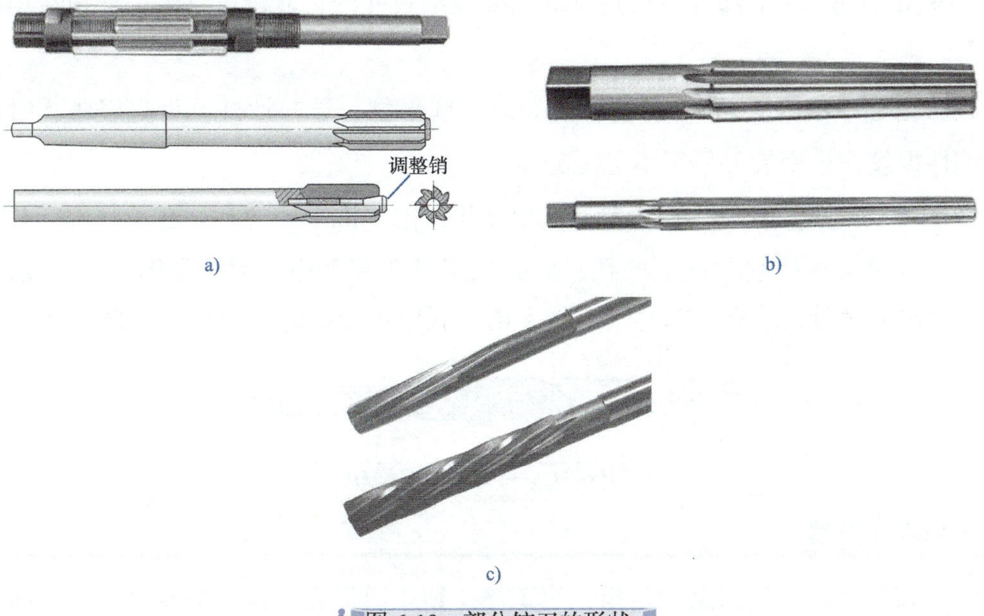

图 6-19　部分铰刀的形状

a) 可调式铰刀　b) 圆锥铰刀　c) 螺旋齿铰刀

（2）铰刀的结构特点　铰刀由柄部、颈部和工作部分组成。

1）柄部：柄部是用于装夹、传递转矩和进给力的部分，有直柄和锥柄两种。

2）颈部：颈部是磨制铰刀时供砂轮退刀用的，同时也是刻制商标和规格的地方。

3）工作部分：工作部分又分为切削部分和校准部分。

① 切削部分：在切削部分磨有切入角 2ϕ，如图 6-20 所示。

切入角决定铰刀切削部分的长度，对切削时进给力的大小、铰削质量和铰刀使用寿命也有较大的影响。

一般手用铰刀的 ϕ = 30′ ～ 1° 30′，以提高定心作用，减小进给力。

机用铰刀铰削碳钢及塑性材料通孔时，取 ϕ = 15°；铰削铸铁及脆性材料时，取 ϕ = 3° ～ 5°；铰不通孔时，取 ϕ = 45°。

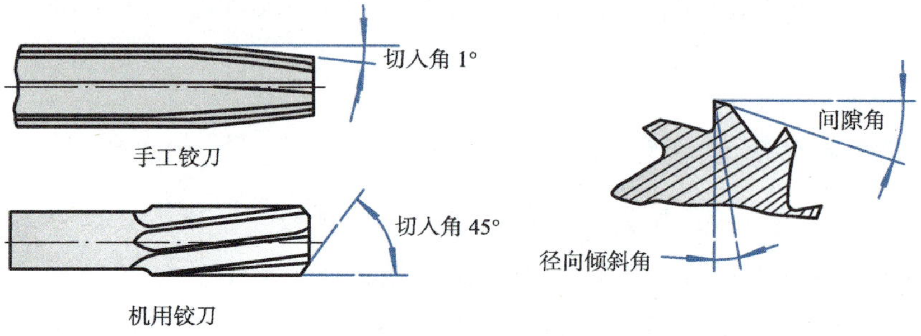

图 6-20 铰刀切削刃的设计

② 校准部分：校准部分主要用于导向和校准铰孔的尺寸，也是铰刀磨损后的备磨部分。

铰刀齿数一般为 6 ～ 16 齿，可使铰刀切削平稳、导向性好。为克服铰孔时出现的周期性振纹，手用铰刀采用不等距分布刀齿。

（3）可调节手用铰刀　普通铰刀主要用于铰削标准系列的孔。在单件生产和修配工作中，经常需要铰削非标准的孔，此时采用可调节手用铰刀，如图 6-21 所示，通过调节两端的螺母，使楔形刀片沿刀体上的斜底槽移动，以改变铰刀的直径尺寸。

图 6-21 可调节手用铰刀

2. 铰削用量

（1）铰削余量　铰削余量是指上道工序（钻孔或扩孔）留下的直径方向上的加工余量。

铰削余量不宜过大，因为铰削余量过大，会使铰刀刀齿负载增加，加大切削变形，使工件的被加工面产生撕裂纹，降低尺寸精度，增大表面粗糙度数值，同时也会加速铰刀的磨损。

但铰削余量也不宜过小，否则上道工序残留的变形难以纠正，无法保证铰削质量。铰削余量的选用见表 6-6。

表 6-6 铰削余量的选用

铰刀直径 /mm	＜ 8	8 ～ 20	21 ～ 32	33 ～ 50	51 ～ 70
铰削余量 /mm	0.1	0.15 ～ 0.25	0.25 ～ 0.3	0.35 ～ 0.5	0.5 ～ 0.8

（2）机用铰刀的切削用量　机用铰刀的切削用量包括切削速度和进给量。当采用机用铰刀铰孔时，应选择适当的切削用量。

铰削钢材时，切削速度应小于 8m/min，进给量控制在 0.4mm/r；铰削铸铁材料时，切削速度应小于 10m/min，进给量控制在 0.8mm/r。

3. 铰孔时切削液的选用

切削液有良好的润滑性，能减低切削阻力，提高加工面质量和尺寸精度。铰孔时要根据不同的切削材料来选用切削液，见表 6-7。

表 6-7　铰孔时切削液的选用

工件材料	切削液
钢材	1. 10%～20%的乳化液 2. 铰孔精度要求较高时，采用 30%菜油加 70%的乳化液 3. 高精度铰孔时，用菜油、柴油、猪油
铸铁	1. 可以不用 2. 煤油，但会引起孔径缩小，最大收缩量可达 0.02 ～ 0.04mm 3. 低浓度乳化液
铜	1. 2 号锭子油 2. 菜油
铝	1. 2 号锭子油 2. 2 号锭子油与蓖麻油的混合油 3. 煤油与菜油的混合油

4. 铰孔的方法

铰孔的方法分为手动铰孔和机动铰孔两种。

（1）铰刀的选用　铰孔时，首先要使铰刀的直径规格与所铰孔相符合，其次还要确定铰刀的公差等级。

标准铰刀的公差等级分为 h7、h8、h9 三个级别。

若铰削精度要求较高的孔，必须对新铰刀进行研磨，然后进行铰孔。

（2）铰削的操作方法

1）在手动铰孔起铰时，应用右手在沿铰孔轴线方向上施加压力，左手转动铰刀。两手用力要均匀、平稳，不应施加侧向力，保证铰刀能够顺利引进，避免孔口成喇叭形或孔径扩大。

2）在铰孔过程中和退出铰刀时，为防止铰刀磨损及切屑挤入铰刀与孔壁之间，划伤孔壁，故铰刀不能反转。

3）铰削不通孔时，应经常退出铰刀，清除切屑。

4）机动铰孔时，应尽量使工件在一次装夹过程中完成钻孔、扩孔、铰孔的全部工序，以保证铰刀中心与孔中心的一致性。

铰孔完毕后，应先退出铰刀，然后停车，以防止划伤孔壁表面。

（3）铰孔常见缺陷分析　铰孔中经常出现的质量问题及产生原因，见表 6-8。

表 6-8　铰孔质量缺陷分析

缺陷形式	产生原因
加工表面粗糙度超差	1. 铰孔余量预留不当 2. 铰刀刃口有缺陷 3. 切削液选择不当 4. 切削速度过高 5. 铰孔完成后反转退刀
孔壁表面有明显棱面	1. 铰孔余量预留过大 2. 底孔不圆
孔径缩小	1. 铰刀磨损，直径变小 2. 铰铸铁时未考虑尺寸收缩量 3. 铰刀已钝
孔径扩大	1. 铰刀规格选择不当 2. 切削液选择不当或供应量不足 3. 手动铰孔时两手用力不均 4. 铰削速度过高 5. 机动铰孔时主轴偏摆过大或铰刀中心与钻孔中心不同轴 6. 铰锥孔时，铰孔过深

三、锪孔

用锪钻（或经改制的钻头）对工件孔口进行型面加工的操作，称为锪孔。

常见锪孔的应用如图 6-22 所示。锪孔钻分柱形锪钻、锥形锪钻和端面锪钻三种。

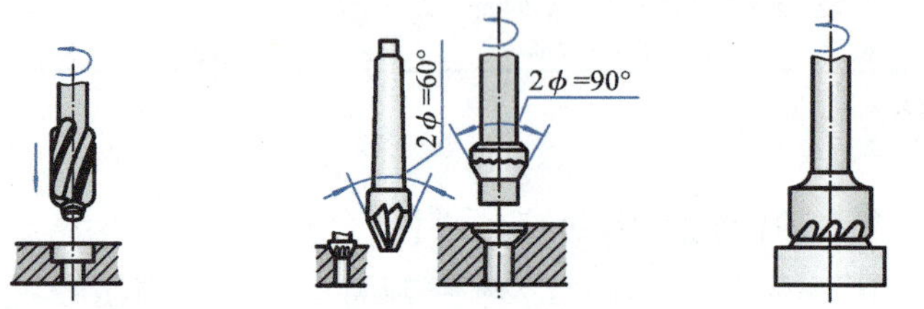

锪圆柱埋头孔　　锪锥形埋头孔　　锪孔口和凸台平面

图 6-22　锪孔的应用

四、套螺纹

用板牙在圆杆上加工出外螺纹的操作方法称为套螺纹。

1. 套螺纹工具

（1）板牙　板牙是加工外螺纹的工具。它由合金工具钢制作而成，并经淬火处理。板牙结构如图 6-23 所示，由切削部分、校准部分和排屑孔组成。

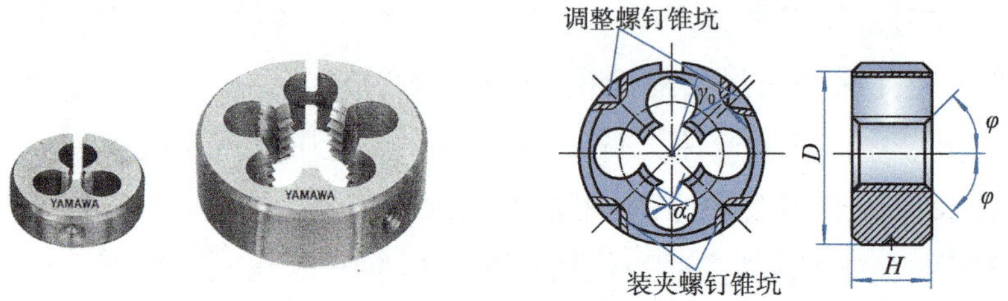

图 6-23　板牙结构

（2）板牙架　板牙架是装夹板牙的工具，其结构如图 6-24 所示。板牙放入后，用螺钉紧固。

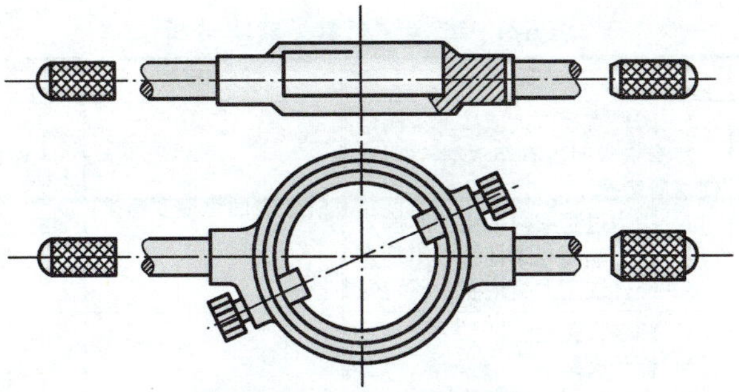

图 6-24　板牙架结构

2. 套螺纹前圆杆直径的确定

与攻螺纹一样，用板牙套螺纹的切削过程中也同样存在挤压作用。

因此，圆杆直径应小于螺纹大径，其直径尺寸可通过下式计算得出，即

$$d_{杆} = d - 0.13P$$

式中　$d_{杆}$——圆杆直径；

d——螺纹大径；

P——螺距。

3. 套螺纹的方法

1）为使板牙容易切入工件，在起套前，应将圆杆端部做成 15°～20° 的倒角，且倒角小端直径应小于螺纹小径。

2）由于套螺纹的切削力较大，且工件为圆杆，套削时应用 V 形夹板或在钳口上加垫铜钳口，保证装夹端正、牢固。

3）起套方法与攻螺纹的起攻方法一样，用一手手掌按住铰杠中部，沿圆杆轴线方向加压用力，另一手配合作顺时针旋转，动作要慢，压力要大，同时保证板牙端面与圆杆轴线垂直。

4）在板牙切入圆杆 2 圈之前及时校正，板牙切入 4 圈后不能再对板牙施加进给力，让板牙自然引进。套削过程中要不断倒转断屑。

5）在钢件上套螺纹时应加切削液，以降低螺纹表面粗糙度值和延长板牙使用寿命。一般选用机油或较浓的乳化液，精度要求高时可用植物油。

4. 套螺纹时常见缺陷分析

套螺纹时由于操作或其他原因会出现一些缺陷和产生原因，见表 6-9。

表 6-9 套螺纹时常见缺陷分析

缺陷形式	产生原因	缺陷形式	产生原因
板牙崩齿或磨损太快	1. 圆杆直径偏大或端部未倒角 2. 套螺纹时没有经常倒转断屑，使切屑堵塞 3. 用力过猛或两手用力不均 4. 板牙端面与圆杆轴线不垂直 5. 圆杆硬度太高或硬度不均匀	螺纹表面粗糙度超差	1. 工件材料太软 2. 切削液选用不当 3. 套螺纹时板牙架左右晃动 4. 套螺纹时没有经常倒转断屑
螺纹烂牙	1. 圆杆直径太大 2. 板牙磨钝 3. 强行校正已套歪的板牙 4. 套螺纹时没有经常倒转断屑 5. 未使用切削液	螺纹歪斜	1. 板牙端面与圆杆轴线不垂直 2. 套螺纹时板牙架左右晃动
螺纹中径超差	1. 圆杆直径选择不当 2. 板牙切入后仍施加进给力		

项目总结

攻螺纹质量的好坏涉及孔径计算、钻孔质量、攻螺纹的操作，下面分别对钻孔（表 6-10）和攻螺纹（表 6-11）产生的缺陷进行分析。

表 6-10 钻孔时常见缺陷分析

缺 陷 形 式	产 生 原 因
孔径大于规定尺寸	1. 钻头两切削刃长度不等，高低不一致 2. 钻床主轴径向偏摆或工作台未锁紧有松动 3. 钻头本身弯曲或装夹不好，使钻头有过大的径向圆跳动现象
孔壁表面粗糙	1. 钻头两切削刃不锋利 2. 进给量太大 3. 切屑堵塞在螺旋槽内，擦伤孔壁 4. 切削液供应量不足或选用不当
孔位超差	1. 工件划线不正确 2. 钻头横刃太长定心不准 3. 起钻过偏而没有校正
孔的轴线歪斜	1. 钻孔平面与钻床主轴不垂直 2. 工件装夹不牢，钻孔时产生歪斜 3. 工件表面有气孔、砂眼 4. 进给量过大，使钻头产生变形
孔不圆	1. 钻头两切削刃不对称 2. 钻头后角过大
钻头寿命低或折断	1. 钻头已磨损还继续使用 2. 切削用量选择过大 3. 钻孔时没有及时退屑，使切屑阻塞在钻头螺旋槽内 4. 工件未夹紧，钻孔时产生松动 5. 孔即将钻通时没有减小进给量 6. 切削液供应量不足

表 6-11　攻螺纹时常见缺陷分析

缺陷形式	产生原因
丝锥崩刃、折断	1. 底孔直径小或深度不够 2. 攻螺纹时没有经常倒转断屑，使切屑堵塞 3. 用力过猛或两手用力不均 4. 丝锥与底孔端面不垂直
螺纹烂牙	1. 底孔直径小或孔口未倒角 2. 丝锥磨钝 3. 攻螺纹时没有经常倒转断屑
螺纹中径超差	1. 螺纹底孔直径选择不当 2. 丝锥选用不当 3. 攻螺纹时铰杠晃动
螺纹表面粗糙度超差	1. 工件材料太软 2. 切削液选用不当 3. 攻螺纹时铰杠晃动 4. 攻螺纹时没有经常倒转断屑

项目练习

一、判断题

1. 钻头主切削刃上的后角，外缘处最大，越近中心则越小。（　　）
2. 钻孔时加切削液的主要目的是提高孔的表面质量。（　　）
3. 钻孔属于粗加工。（　　）
4. 钻头的顶角（2ϕ），钻硬材料应比钻软材料选得大些。（　　）
5. 钻头直径越小，螺旋角越大。（　　）
6. 标准麻花钻的横刃斜角为 ψ=50°~55°。（　　）
7. 钻床的一级保养，以操作者为主，维修人员配合。（　　）
8. 当孔将要钻穿时，必须减小进给量。（　　）
9. 钻削速度是指每分钟钻头的转数。（　　）
10. 钻头前角大小与螺旋角有关（横刃处除外），螺旋角越大，前角越大。（　　）
11. 刃磨钻头的砂轮，其硬度为中软级。（　　）
12. 标准麻花钻的顶角为 110°。（　　）
13. 标准麻花钻在钻头不同的半径处，其螺旋角的大小是不等的，从钻头外缘向中心逐渐增大。（　　）
14. 标准麻花钻的工作部分是两条主切削刃。（　　）
15. 麻花钻主切削刃上各点的前角大小相等。（　　）
16. 在组合件上钻孔时，钻头容易向材料较硬的一边偏斜。（　　）

17. 扩孔不能作为孔的最终加工。 ( )
18. 用麻花钻扩孔可避免横刃切削的不良影响。 ( )
19. 由于扩孔钻的导向部分比麻花钻短，所以它的刚性和导向性比麻花钻差。 ( )
20. 一般扩孔时的切削速度约为钻孔的一半。 ( )
21. 修磨钻头横刃时，其长度磨得越短越好。 ( )
22. 在钻头后面开分屑槽，可改变钻头后角的大小。 ( )
23. 机铰结束后，应先停机再退刀。 ( )
24. 铰刀的齿距在圆周上都是不均匀分布的。 ( )
25. 螺旋形手铰刀适于铰削带有键槽的圆柱孔。 ( )
26. 1:30 锥铰刀是用来铰削定位销孔的。 ( )
27. 铰孔时，铰削余量越小，铰后的表面越光洁。 ( )
28. 工具厂生产的铰刀，外径一般均留有研磨余量。 ( )
29. 整体式铰刀研具没有调整量，因此研磨精度较高。 ( )
30. 1:10 锥度铰刀的锥度较大，一般无粗、精铰刀之分，只有一把铰刀。 ( )
31. 铰刀是铰孔的工具，按使用方法，可分为手用铰刀和机用铰刀两类。 ( )
32. 铰刀切削部分的材料是高碳钢或硬质合金。 ( )
33. 铰刀的结构形式有整体式、套式和调节式。 ( )
34. 机用铰刀的校准部分全部为圆柱形。 ( )
35. 手工铰孔时铰刀不能反转，即使退出也不能反转。 ( )
36. 使用硬质合金机用铰刀铰削时，会使孔产生严重的挤压变形，孔径扩大。 ( )
37. 铰刀铰削钢料时，加工余量太大会造成孔径缩小。 ( )
38. 铰刀校准部分有后角为零度的刃带，起挤压和导向作用。 ( )
39. 当螺栓断在孔内时，可用直径比螺纹小径小 0.5 ~ 1mm 的钻头钻去螺栓，再用丝锥攻出内螺纹，取出断在孔内的螺栓。 ( )
40. 攻螺纹时，丝锥的校准部分不能全部出头，否则退出时易造成螺纹烂牙。 ( )

41．板牙只在单面制成切削部分，故板牙只能单面使用。（　　）

42．攻螺纹前的底孔直径必须大于螺纹标准中规定的螺纹小径。（　　）

43．套螺纹时，园杆顶端应倒角至 15°~20° 。（　　）

44．圆板牙两端带有切削锥角的部分是切削部分。（　　）

45．带有圆弧刃的标准群钻，在钻孔过程中，孔底切削出一道圆环肋，与棱边能共同起稳定钻头方向的作用。（　　）

46．标准群钻圆弧刃上各点的前角比磨出圆弧刃之前减小，楔角增大，强度提高。（　　）

47．标准群钻在后面上磨有两边对称的分屑槽。（　　）

48．标准群钻上的分屑槽能使宽的切屑变窄，从而使排屑流畅。（　　）

49．钻黄铜的群钻减小外缘处的前角，是为了避免产生扎刀现象。（　　）

50．钻薄板的群钻是利用钻心尖定中心，两主切削刃的外刀尖切圆的原理，使薄板上钻出的孔达到圆整和光洁。（　　）

51．群钻主切削刃分成几段的作用是利于分屑、断屑和排屑。（　　）

二、选择题

1．钻孔时，钻头绕本身轴线的旋转运动称为 ____。

a．进给运动　　b．主运动　　c．旋转运动

2．钻头前角大小（横刃处除外），与 ____ 有关。

a．后角　　b．顶角　　c．螺旋角

3．麻花钻刃磨时，其刃磨部位是 ____。

a．前面　　b．后面　　c．副后面

4．钻削黄铜材料时，为了避免扎刀现象，钻头需修磨 ____。

a．前面　　b．主切削刃　　c．横刃

5．麻花钻横刃修磨后，其长度 ____。

a．不变　　b．是原来的$\frac{1}{2}$　　c．是原来的$\frac{1}{5}\sim\frac{1}{3}$

6．在钻壳体与衬套之间的骑缝螺纹底孔时，钻孔中心的样冲眼应打在 ____。

a．略偏软材料一边　b．略偏硬材料一边　c．两材料中间

7．当钻头后角增大时，横刃斜角 ____。

a．增大　　b．不变　　c．减小

8. 钻孔时加切削液的主要目的是 ____。

a. 润滑作用　　b. 冷却作用　　c. 清洗作用

9. 孔将钻穿时，进给量必须 ____。

a. 减小　　b. 增大　　c. 保持不变

10. 钻床运转满 ____ 应进行一次一级保养。

a. 500 h　　b. 1000 h　　c. 2000 h

11. 为了使钻头的导向部分在切削过程中既能保持钻头正直的钻削方向，又能减少钻头与孔壁的摩擦，所以钻头的直径 ____。

a. 向柄部逐渐减小　b. 向柄部逐渐增大　c. 与柄部直径相等

12. 标准钻头套共有 5 个号，各号钻头套的数字代表其 ____ 锥体莫氏角度的号数。

a. 内　　b. 外

13. 标准中心钻的顶角是 ____。

a. 45°　　b. 60°　　c. 90°

14. 标准麻花钻的顶角是 ____。

a. 60°　　b. 118°　　c. 135°

15. 钻孔一般属于粗加工，其尺寸公差一般是 ____。

a. IT10 ~ IT11　　b. IT9 ~ IT10　　c. IT7 ~ IT9

16. 钻孔加工的表面粗糙度值是 ____。

a. Ra 12.5 ~ Ra50 μm

b. Ra3.2 ~ Ra 12.5 μm

c. Ra1.6 ~ Ra 3.2 μm

17. 一般直径小于 ____ mm 的钻头做成圆柱直柄。

a. 20　　b. 15　　c. 13

18. 钻削加工时，起主要切削作用的是 ____。

a. 两主切削刃　　b. 横刃　　c. 两主切削刃和横刃

19. 在硬材料上钻孔，标准麻花钻头的顶角应 ____。

a. 小些　　b. 大些　　c. 不变

20. 标准麻花钻具有较长的横刃，并且横刃的前角为负值；因此，横刃在钻削时是刮削和挤压，使轴向分力 ____。

a.增大　　b.减小　　c.不变

21. 在钻孔时，孔产生多角形的原因是 ____。

a.钻头后角太大　　b.钻头不锋利　　c.进给量太大

22. 扩孔加工属孔的 ____。

a.粗加工　　b.半精加工　　c.精加工

23. 扩孔时的切削速度 ____。

a.是钻孔的1/2　　b.与钻孔相同　　c.是钻孔的 2 倍

24. 扩孔后，孔的尺寸公差一般可达 ____。

a.IT10 ~ IT11　　b.IT9 ~ IT10　　c.IT7 ~ IT9

25. 扩孔后，加工的表面粗糙度值是 ____。

a.$Ra12.5 \sim Ra50\mu m$

b.$Ra3.2 \sim Ra12.5\mu m$

c.$Ra1.6 \sim Ra3.2\mu m$

26. 在预钻孔上用麻花钻进行扩孔，麻花钻横刃 ____ 切削。

a.不进行　　b.仍进行　　c.部分进行

27. 在毛坯孔上进行扩孔，由于麻花钻的旋转轴线与毛坯孔的轴线不重合、孔壁形状不规则、孔端面不平等原因，____ 使麻花钻发生偏斜，甚至折断。

a. 容易　　b. 不会

28. 扩孔钻的外形与麻花钻相似，扩孔钻的切削刃数，一般有 ____ 个。

a.2　　b.3 ~ 4　　c.5 ~ 6

29. 扩孔后，被加工孔呈圆锥形，其原因是 ____。

a.刀具磨损或崩刃　　b.进给量太大　　c.钻床主轴与工作台平面不垂直

30. 可调节手铰刀主要用来铰削 ____ 的孔。

a.非标准　　b.标准系列　　c.英制系列

31. 铰孔结束后，铰刀应 ____ 退出。

a.正转　　b.反转　　c.正反转均可

32. 铰孔的切削速度比钻孔的切削速度 ____。

a.大　　b.小　　c.相等

33. 铰孔的尺寸公差一般可达 ____。

a.IT11 ~ IT12　　b.IT7 ~ IT9　　c.IT4 ~ IT5

34. 铰削后，被加工孔的表面粗糙度值是 ____。

a. *Ra*12.5 ~ *Ra*3.2 μm

b. *Ra*3.2 ~ *Ra*1.6 μm

c. *Ra*1.6 ~ *Ra*0.4 μm

35. 每把可调节手铰刀的直径可调范围为 ____ mm。

a. 0.1 ~ 0.3　　b. 0.5 ~ 1.0　　c. 10 ~ 12

36. 铰刀工作部分最前端有 ____ 倒角。

a. 45°　　b. 60°　　c. 0°

37. 机用铰刀校准部分由 ____ 组成。

a. 圆柱段　　b. 倒锥段　　c. 圆柱段和倒锥段

38. 机用铰刀铰孔时，当铰孔完毕，应 ____。

a. 先退刀再停机　　b. 先停机再退刀　　c. 边退刀边停机

39. 铰孔时，孔表面粗糙度值达不到要求，这是由于 ____。

a. 铰刀磨损　　b. 铰刀刃口不锋利或刀面粗糙　　c. 铰削余量太大

40. 铰孔时，孔径扩大的原因是 ____。

a. 机铰刀轴心线与预钻孔轴心线不重合

b. 前角太小

c. 切削液不充分

41. 铰孔时，孔径缩小的原因是 ____。

a. 切削速度太高

b. 铰刀偏摆过大

c. 铰刀直径小于下极限尺寸

42. 铰孔时，孔呈多棱形的原因是 ____。

a. 切削刃上粘有积屑瘤

b. 铰刀磨钝

c. 切削余量太大

43. 为了获得较高的铰孔质量，一般手铰刀刀齿的齿距在圆周上呈现 ____。

a. 均匀分布　　b. 不均匀分布　　c. 180° 对称的不均匀分布

44. 丝锥由工作部分和 ____ 两部分组成。

a. 柄部　　b. 校准部分　　c. 切削部分

45．机用丝锥的后角等于 ____ 。

a. 6° ~ 8°　　b. 10° ~ 12°　　c. 14° ~ 18°

46．柱形分配丝锥，其头锥和二锥的大径、中径和小径 ____。

a. 都比三锥的小　　b. 都与三锥的相同　　c. 都比三锥的大

47．在攻制工件台阶旁边或机体内部的螺孔时，可选用 ____ 铰杠。

a. 普通　　b. 普通活动　　c. 固定或活动的丁字

48．攻螺纹前的底孔直径必须 ____ 螺纹标准中规定的螺纹小径。

a. 小于　　b. 大于　　c. 等于

49．攻不通孔螺纹时，底孔深度要 ____ 所需的螺孔深度。

a. 等于　　b. 小于　　c. 大于

50．套螺纹时圆杆直径应 ____ 螺纹大径。

a. 等于　　b. 小于　　c. 大于

51．米制普通螺纹的牙型角为 ____。

a. 30°　　b. 55°　　c. 60°

52．在单向受力的机械（如压力机、冲床）上的螺杆，一般采用 ____ 螺纹。

a. 锯齿形　　b. 管螺纹　　c. 圆形螺纹

53．螺纹从左向右升高的称为 ____ 螺纹

a. 左螺纹　　b. 右螺纹　　c. 管螺纹

54．加工不通孔螺纹时，为了使切屑从孔口排出，丝锥容屑槽应采用 ____。

a. 左螺旋槽　　b. 右螺旋槽　　c. 直槽

55．230mm 的活动铰杠适用攻制 ____ 范围的螺纹。

a. M5 ~ M8　　b. M8 ~ M12　　c. M12 ~ M14

56．丝锥的校准部分磨损后，应修磨丝锥的 ____。

a. 前面　　b. 顶刃后面　　c. 侧刃后面

57．攻制铸铁材料的螺孔时，可采用 ____ 作切削液。

a. L-AN38全系统损耗机械油

b. 乳化液

c. 煤油

58．丝锥校准部分的大径、中径、小径均制成 ____。

a. 倒锥　　b. 不倒锥

59. 在攻制较硬材料的螺孔时，应采用 ____ 攻削，这样可防止丝锥折断。

a. 头攻　　b. 二攻　　c. 头攻与二攻交替进行

60. 攻螺纹出现烂牙（乱扣）的原因是 ____。

a. 头攻攻螺纹位置不正，二、三攻强行纠正

b. 丝锥磨损

c. 丝锥前、后角太小

61. 攻螺纹时，螺纹产生歪斜，这是由于 ____ 引起的。

a. 丝锥前、后面粗糙

b. 丝锥与螺纹底孔不同轴

c. 切屑堵塞

62. 攻螺纹时发现螺纹表面粗糙，是因为 ____。

a. 丝锥磨损

b. 丝锥前、后面粗糙

c. 没有选用合适的切削液

63. 套螺纹时螺纹烂牙（乱扣）的原因是 ____。

a. 铰杠歪斜　　b. 圆杆直径太小　　c. 板牙磨钝

64. 套螺纹时，螺纹歪斜，这是由于 ____ 引起的。

a. 板牙切削刃上粘有积屑瘤

b. 没有选择合适的切削液

c. 圆杆端面倒角不好，板牙位置难以放正

65. 钻薄板的群钻，其圆弧的深度应比薄板工件的厚度大 ____mm。

a. 1　　b. 2　　c. 3

66. 标准群钻主要用来钻削 ____ 和 ____。

a. 铸铁　　b. 碳钢　　c. 合金结构钢

67. 标准群钻磨短横刃后产生内刃，其前角 ____。

a. 增大　　b. 减小　　c. 不变

68. 标准群钻上的分屑槽应磨在一条主切削刃的 ____ 段。

a. 外刃　　b. 内刃　　c. 圆弧刃　　d. 横刃

69. 标准群钻磨有月牙形的圆弧刃，圆弧刃上各点的前角 ____，切削时的主力 ____。

a. 增大　　b. 减小　　c. 不变

70. 钻铸铁的群钻第二重顶角为 ____。

a. 70°　　b. 90°　　c. 110°

71. 钻黄铜的群钻，为避免孔的扎刀现象，外刃的纵向前角磨成 ____。

a. 8 °　　b. 35°　　c. 20°

三、计算题

1. 在铸件上加工一个 M20 的不通螺纹孔，螺纹的有效深度为 50mm，底孔深度是多少？
2. 在铸铁工件上攻 M16、M12 × 1mm 的螺纹，求钻螺纹底孔的直径（精确到小数点后一位）？
3. 在钢件上套 M16 螺纹，螺纹的圆杆直径是多少？

四、简答题

1. 麻花钻刃磨有哪些要求？
2. 钻孔时选择切削用量的基本原则是什么？
3. 钻床夹具有何特点？常用钻床夹具有哪几种？
4. 简述标准群钻的特点。
5. 简述修磨横刃的作用与要求。
6. 提高扩孔质量的措施有哪些？
7. 扩孔时切削用量与钻孔时有何区别？
8. 铰孔时，为什么铰削余量不宜太大，也不能太小？
9. 手工铰孔的操作要点是什么？
10. 分析铰刀损坏的原因。
11. 丝锥切削部分前端为何要磨出锥角？
12. 攻螺纹底孔直径为何要大于螺纹小径？
13. 攻螺纹时造成螺纹表面粗糙的原因有哪些？

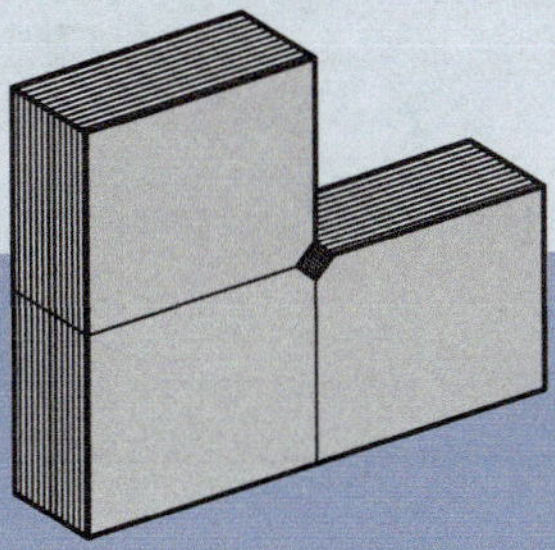

项目七

阶梯配合

项目目标

在加工配合件过程中发现问题、解决问题，理解制作工艺顺序与制作精度要求。

项目描述

有一阶梯型配合件，制作尺寸精度、配合间隙如图 7-1 所示。

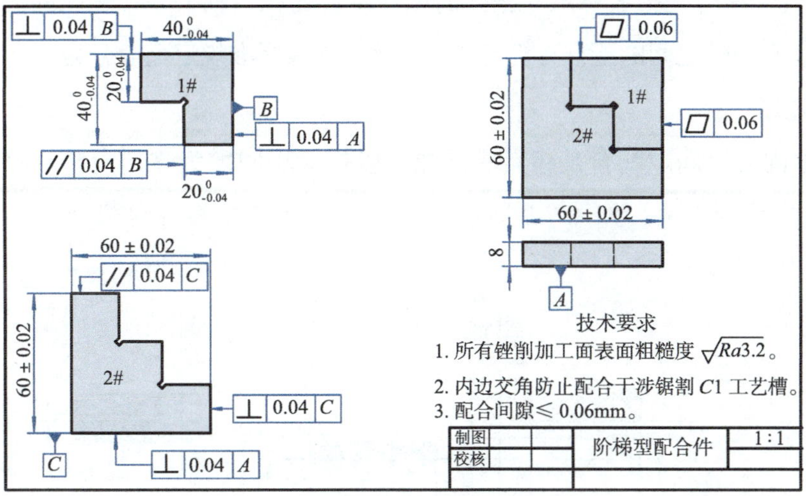

图 7-1 阶梯型配合件

相关知识

本工件为配合件间隙小，有尺寸要求，制作精度较高，且有对称性，存在换位配合。需要理解公差配合的概念。

1. 互换性概念

（1）互换性　在工业生产中，经常遇到同一规格的工业产品之间可以互换的现象。互换性是指同一规格的零、部件，任选其一，不需经任何挑选、调整和修配，就能装到机器上，并完全达到规定的技术性能要求。

（2）互换性的基本形式　互换性分为完全互换性和不完全互换性两种形式。

完全互换性是指零件装配前、装配时不需挑选、调整和修配，装配后能满足预定的技术要求性能；不完全互换性是指零件在装配时需要附加的挑选或调整的性能。

（3）实现互换性的基本条件　要实现同一规格零、部件几何要素的互换性，从理论上讲，必须使同一规格的零、部件的几何要素完全相同，但这在生产中是保证不了的，而且，在使用中也没有必要。实际上，只要使零、部件的几何要素误差保持在一定的范围内，就可以达到互换的目的。

所以，实现互换性的基本条件就是对同一规格的零、部件规定统一的技术标准。

（4）配合　配合是指公称尺寸相同的相互结合的孔、轴公差带之间的关系。根据使用要求不同，孔与轴之间的配合有松有紧，因此，国家标准规定配合分为三类：间隙配合、过盈配合和过渡配合。

1）间隙配合。间隙配合是指具有间隙，包括最小间隙为零的配合。此时，孔的公差带在轴的公差带之上，如图 7-2 所示。装配后，轴与孔间有间隙，轴在孔中能自由转动。

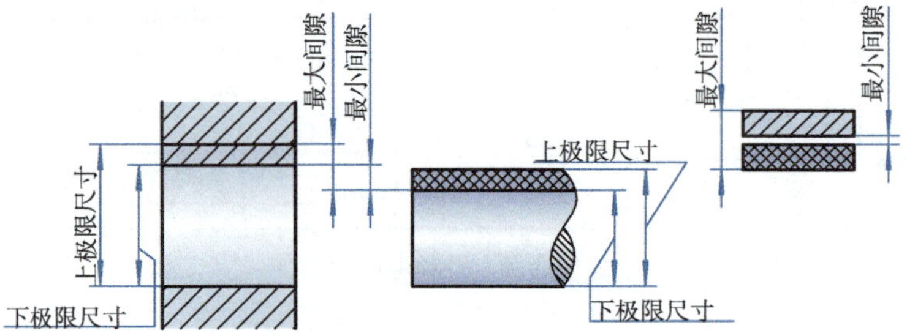

图 7-2　间隙配合示意图及公差带图

2）过盈配合。过盈配合是指具有过盈，包括最小过盈为零的配合。此时，轴的公差带在孔的公差带之上，如图 7-3 所示。装配时需要一定外力或使带孔零件加热膨胀后才能把轴装入孔中。

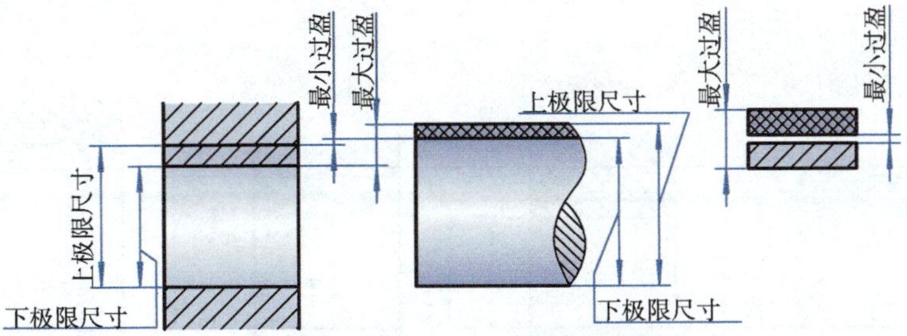

图 7-3　过盈配合示意图及公差带图

3）过渡配合。过渡配合是指可能具有间隙或过盈的配合。此时，孔的公差带与轴的公差带相互交叠，如图 7-4 所示。孔轴装配后，轴比孔小时能活动，但比间隙配合稍紧；轴比孔大时不能活动，但比过盈配合稍松。

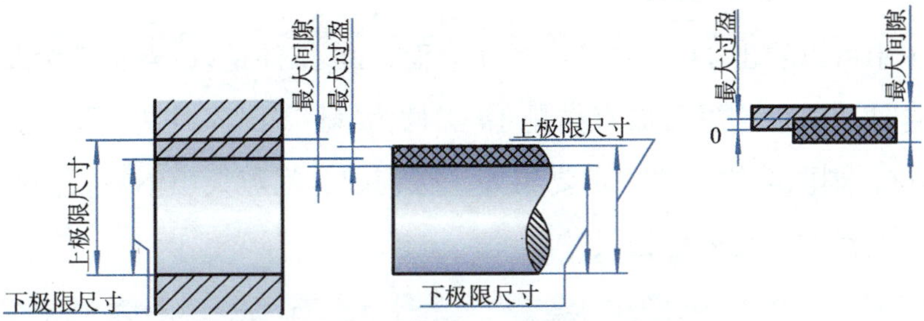

图 7-4　过渡配合示意图及公差带图

（5）基孔制与基轴制　在制造相互配合的零件时，使其中一种零件作为基准件，其基本偏差固定，通过改变另一件的基本偏差来获得各种不同性质的配合制度称为配合制。根据生产实际需要，国家标准规定了两种配合制度，分别为基孔制和基轴制。

1）基孔制。基孔制是指基本偏差为一定的孔的公差带，与不同基本偏差的轴的公差带形成各种配合的一种制度。基孔制的孔为基准孔，标准规定的基准孔其下极限偏差为零，如图 7-5 所示。

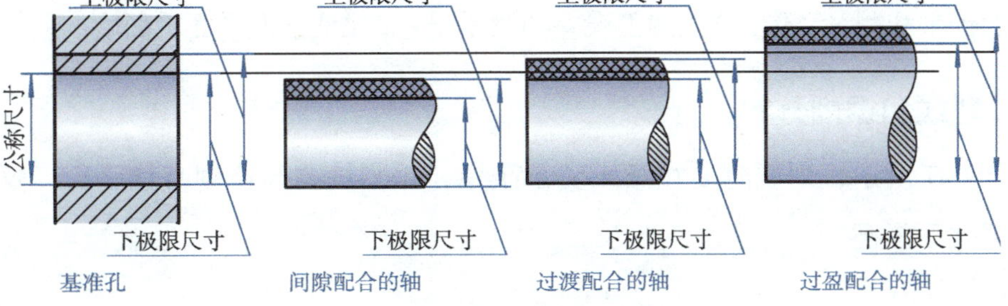

图 7-5　基孔制配合

2）基轴制。基轴制是指基本偏差为一定的轴的公差带，与不同基本偏差的孔的公差带形成各种配合的一种制度。基轴制的轴为基准轴，标准规定的基准轴其上极限偏差为零，如图 7-6 所示。

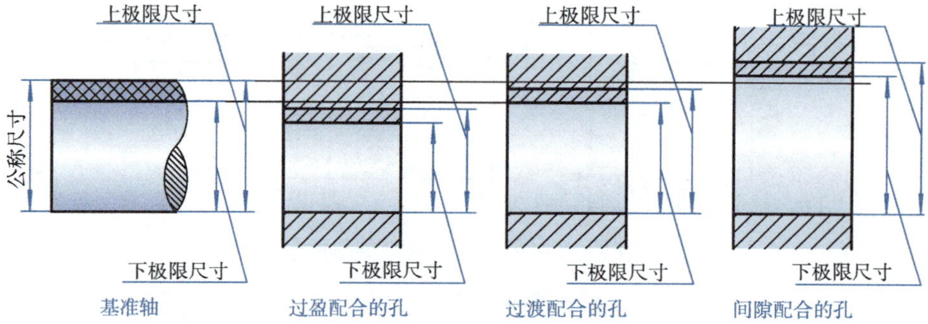

图 7-6　基轴制配合

2. 阶梯配合中的基准件

在图 7-1 中可以看出 1# 工件尺寸标注全面，2# 工件是以 1# 工件为基准件加工的有间隙的配合件。所以这里可以看作是 1# 工件为“轴”，2# 工件为“孔”的间隙配合件。1# 工件需换位，则两端的尺寸一定要相等，否则配合间隙大小不一，侧面平面度也不能保证。所以制作时一定要保证尺寸精度。

项目实施

1. 准备工具和量具

1）工具：锉刀（大、中、小）；整形锉；锯弓；锯条；毛刷；钢丝刷。

2）量具：刀口形直角尺；直角尺；游标卡尺；高度游标卡尺。

3）清理毛坯件。

2. 修整基准面

注意锉削和测量动作，防止加工误差和测量误差，保证基准平面平面度、垂直度公差。

3. 划线和锯削分料

如图 7-7 所示，划线时要注意不要留余量，锯削缝要与所划直线平行，这样会使平面加工效率提高。

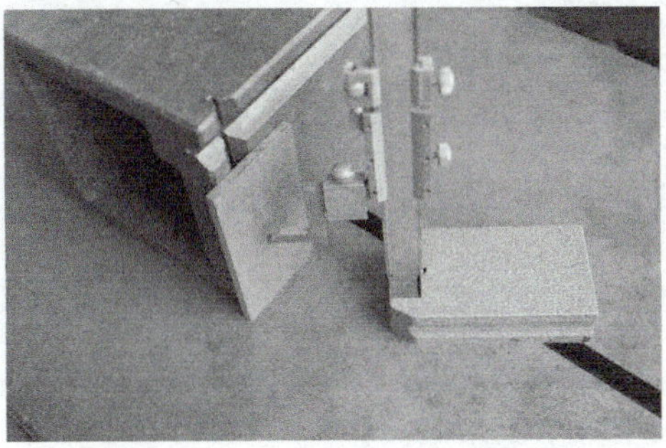

划线

锯削分料

图 7-7　划线和锯削分料

4. 修正坯料

将坯料修整为 60mm × 60mm、40mm × 40mm 公差均为 ± 0.02mm 的方料。保证平面度、垂直度、平行度公差，测量时要清理毛刺避免误读尺寸。这个过程要注意动作的规范化，养成良好习惯，操作会得心应手。然后开始划 20mm、40mm 的线，如图 7-8 所示。

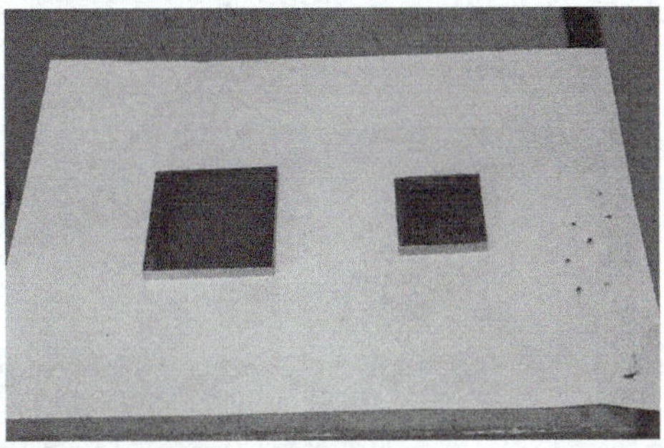

方形坯料

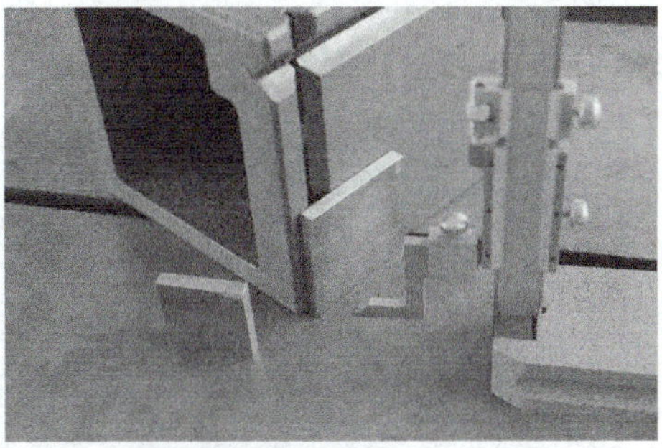

划 20mm、40mm 的线

图 7-8　修正坯料

5. 锯削分料

台虎钳夹持工件时要用软金属加以保护，防止挤坏工件，如图 7-9 所示。

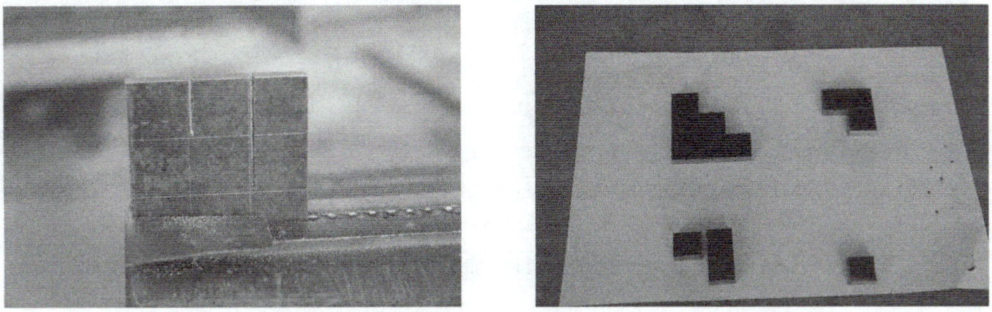

图 7-9　锯削分料

6. 加工 1# 工件

注意内边交角处的处理（一般为孔或槽）；用游标卡尺测量尺寸；用粗锉刀加工到余量为 0.06 ~ 0.08mm 时，再用细纹锉刀和整形锉加工，保证平行度、平面度、垂直度公差，如图 7-10 所示。

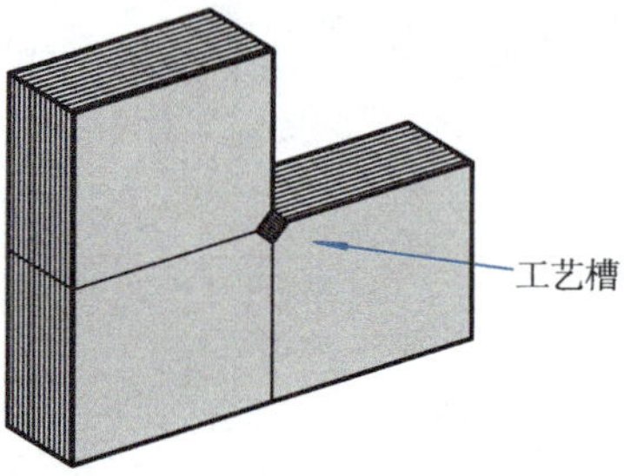

图 7-10　加工 1# 工件

7. 加工 2# 工件

用游标卡尺测量尺寸，用粗锉刀加工到余量为 0.06 ~ 0.08mm 时，再用细纹锉刀和整形锉加工，如图 7-11 所示。

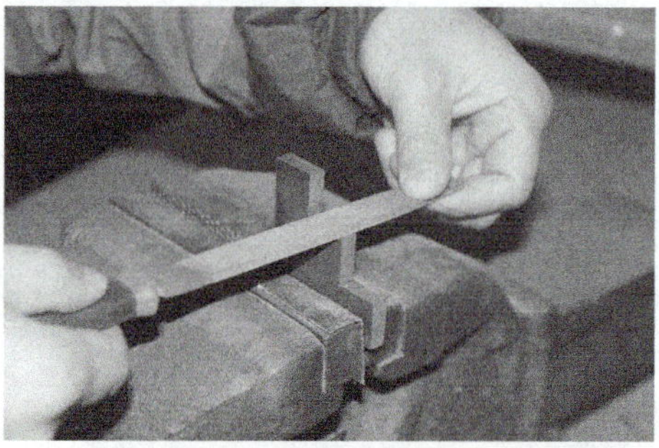

顺向锉

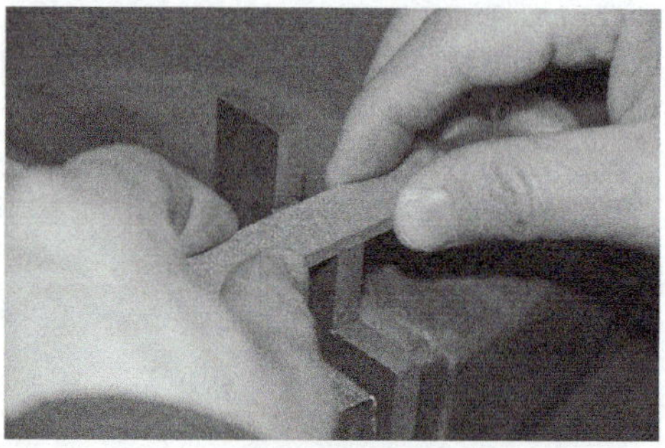

推锉

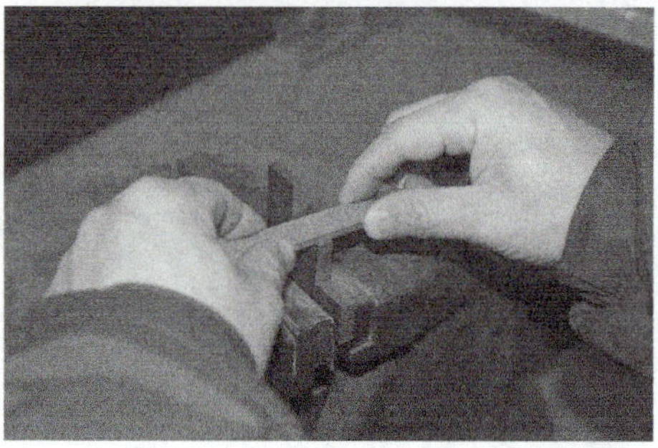

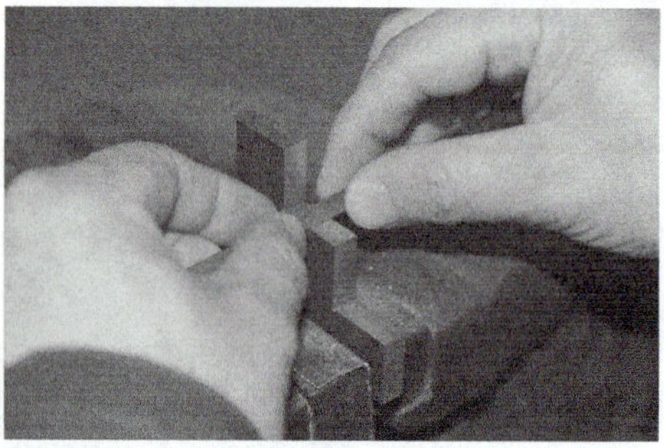

用不同锉刀推锉

图 7-11　加工 2# 工件

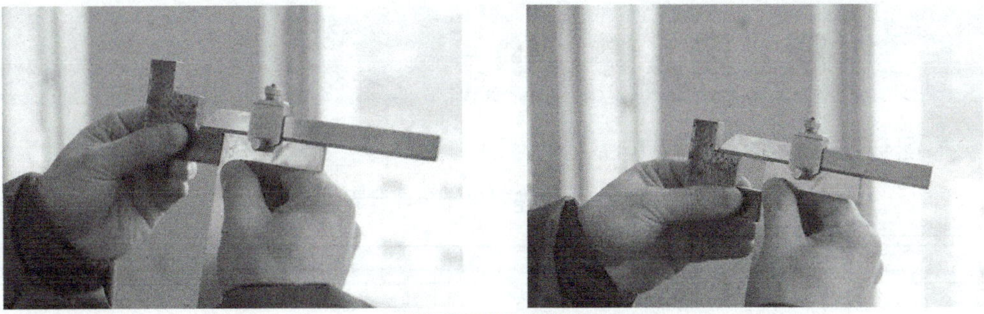

测量平面度和垂直度

图 7-11　加工 2# 工件（续）

8. 锉配 1# 和 2# 工件

保证间隙、侧面平面度和换向配，如图 7-12 所示。

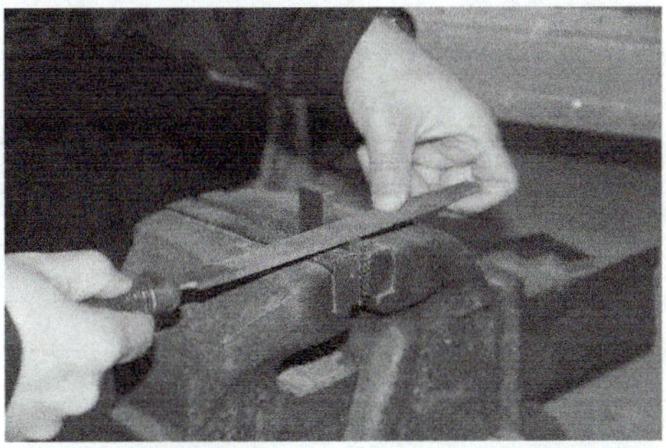

a）

b）

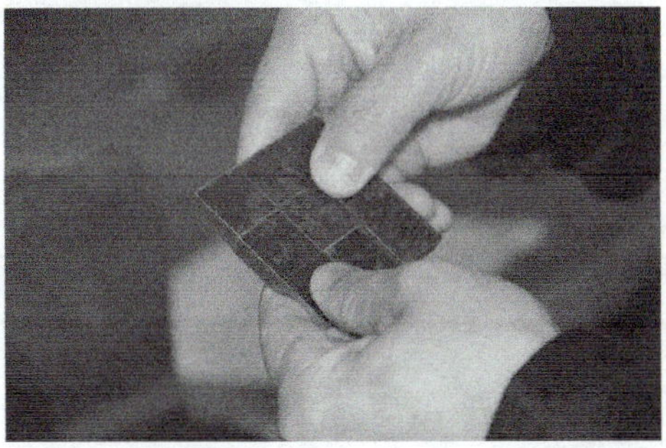

c）

d）

图 7-12　锉配 1# 和 2# 工件

a）锉削修配　　b）单向检查间隙　　c）换向检查间隙　　d）完成锉配

9. 检验工件尺寸和配合

1）检验配合尺寸（60 ± 0.02）mm。

2）检验配合间隙≤ 0.06mm。

3）尺寸配合等符合图样要求后，清理毛刺，打号码交工件。

项目评价

阶梯配合任务评分表见表 7-1。

表 7-1　阶梯配合任务评分表

班级：__________　姓名：__________

序号	项目任务		配分	评分标准	自评	得分
1	1# (27%)	$40^{0}_{-0.04}$mm	2×3	超差不得分		
2		$20^{0}_{-0.04}$mm	2×3	超差不得分		
3		⊥ 0.04 A　⊥ 0.04 B	2×3	超差不得分		
4		// 0.04 B	3	超差不得分		
5		*Ra* 3.2μm	6×1	超差不得分		
6	2# (23%)	（60±0.02）mm	2×3	超差不得分		
7		⊥ 0.04 A　⊥ 0.04 C	2×3	超差不得分		
8		// 0.04 C	3	超差不得分		
9		*Ra*3.2μm	8×1	超差不得分		
10	配合 (30%)	间隙≤ 0.06 mm	4×3	超差不得分		
11		（60±0.02）mm	2×4	超差不得分		
12		▱ 0.06	2×5	超差不得分		
13	职业素质 （20%）	团队合作	5	有违反视情节扣 1 ～ 5 分		
14		遵守纪律	5	有违反视情节扣 1 ～ 5 分		
15		迟到早退	10	有迟到早退现象扣 5 分		
16	安全文明操作		操作期间违反安全秩序规定视情况扣 5~10 分			
自评总分						
教师评价	得分：					

项目总结

阶梯型配合件以表面粗糙度、尺寸精度、平行度加工、垂直度加工为主，配合件尺寸要更加的准确，才能使配合间隙、表面粗糙度、尺寸达到要求。阶梯型配合件的质量问题和产生原因见表 7-2。

表 7-2　阶梯型配合件锉削的质量分析

质量问题	产生原因
工件表面夹伤或变形	1. 台虎钳未装软钳口 2. 夹紧力过大
工件表面粗糙度超差	1. 锉刀齿纹选用不当 2. 锉纹中间嵌有锉屑未及时清除 3. 粗、精锉削加工余量选用不当 4. 直角边锉削时未选用光边锉刀
工件尺寸超差	1. 划线不准确 2. 未及时测量尺寸或测量不准确
工件平面度超差（中凸、塌边或塌角）	1. 选用锉刀不当或锉刀面中凸 2. 锉削时双手推力、压力应用不协调 3. 未及时检查平面度就改变锉削方法 4. 操作动作不规范
工件平行度超差	1. 测量不准确，测量面不清洁 2. 测量点太少 3. 使用量具动作不规范 4. 基准面不平产生测量误差
局部配合间隙大	1. 配合面不平，局部有凸起 2. 测量不到位，尺寸误读 3. 配合后观察不仔细

项目练习

一、判断题

1. 划线的借料就是将工件的加工余量进行调整和恰当分配。　（　　）
2. 借料的目的是保证工件各部分的加工表面有足够的加工余量。　（　　）
3. 用于检查工件加工后的各种误差或出现废品时，作为分析原因的线，称为找正线。　（　　）
4. 当零件有两个以上的不加工表面时，应选择其中面积较小、较次要的或外观质量要求较低的表面作为找正基准。　（　　）
5. 划线时，一般应选择设计基准作为划线基准。　（　　）
6. 箱体工件划线时，如以中心十字线作为基准找正线，只要在第一次划线正确后，以后每次划线都可以用它，不必重划。　（　　）
7. 为了减少箱体划线时的翻转次数，第一划线位置应选择待加工孔和面最多的一个位置。　（　　）
8. 划线时要注意找正内壁是为了加工后能顺利装配。　（　　）
9. 完全互换法用在组成件数少、精度要求不高的装配中。　（　　）
10. 采用分组选配法装配时，只要增加分组数便可以提高装配精度。　（　　）

11. 修配装配法，对零件的加工精度要求较高。（　）

12. 尽管某些零、部件质量不高，但如采用正确的装配工艺，也能装出性能良好的产品。（　）

13. 用修配法装配，能降低制造零件时的加工精度，使产品成本下降，故一般常用于公差要求较高的大批量生产中。（　）

二、选择题

1. 在同类零件中，任取一个装配零件，不经修配即可装入部件中，都能达到规定的装配要求，这种装配方法叫 ____。

   a. 互换法　　b. 选配法　　c. 调整法

2. 分组选配法要将一批零件逐一测量后，按 ____ 的大小分成若干组。

   a. 公称尺寸　　b. 极限尺寸　　c. 实际尺寸

3. 在装配时改变产品中可调整零件的相对位置或选用合适的调整件，以达到装配精度的方法，称为 ____。

   a. 互换法　　b. 选配法　　c. 调整法

4. 在装配时修去指定零件上预留修配量，以达到装配精度的方法，称为 ____。

   a. 互换法　　b. 选配法　　c. 修配法

5. 在工装制造中，常用的装配方法是 ____。

   a. 完全互换法　　b. 选配法　　c. 调整法和修配法

6. 用于成批生产或流水线生产的装配方法是 ____。

   a. 完全互换法　　b. 选配法　　c. 调整法和修配法

7. 装配精度要求高或单件小批量产品的装配方法是 ____。

   a. 完全互换法　　b. 选配法　　c. 调整法和修配法

8. 装配工艺组织形式的好坏，对装配效率的高低影响很大，而移动式装配适用于 ____ 生产。

   a. 大批大量　　b. 中批中量　　c. 单件小批

9. 容易保证装配精度，但装配件的刚度有时受到影响的是 ____。

   a. 完全互换法　　b. 选配法　　c. 调整法

10. 分组选配法装配时，应用尺寸小的包容件与尺寸 ____ 相配。

   a. 大的被包容件　　b. 大的包容件　　c. 小的被包容件

11. 工装装配后的试车工作,是将工装放在 ____ 条件下进行试用的。

a.实际生产　　b.装配场地　　c.空载

12. 在装配前,必须认真做好对装配零件的清理和 ____ 工作。

a.修配　　b.调整　　c.清洗

13. 对于各种形状复杂、批量大、精度要求一般的零件可选用 ____ 来进行划线。

a.平面样板划线法　　b.几何划线法　　c.直接翻转零件法

14. 当毛坯件有不加工表面时，对加工表面自身位置校正后再划线，能使各加工表面与不加工表面之间保持 ____ 。

a.尺寸均匀　　b.形状均匀　　c.尺寸和形状均匀

15. 找正的目的不仅是使加工表面与不加工表面之间保持尺寸均匀，同时还可使各加工表面的 ____。

a.加工余量减少　　b.加工余量增加　　c.加工余量合理和均匀分布

16. 划线时，当发现毛坯误差不大时，可依靠划线时 ____ 方法予以补救，使加工后的零件仍然符合要求。

a.找正　　b.借料　　c.变换基准

17. ____ 就是利用划线工具,使工件上有关的表面处于合理的位置。

a.吊线　　b.找正　　c.借料

18. 划线在选择尺寸基准时,应使划线时尺寸基准与图样上 ____ 基本一致。

a.测量基准　　b.装配基准　　c.设计基准

19. 装配精度完全依赖于零件加工精度的装配方法,即为 ____。

a.完全互换法　　b.修配法　　c.选配法

20. 装配时，使用可换垫片、衬套和镶条等，以消除零件间的累积误差或配合间隙的方法是 ____。

a.修配法　　b.选配法　　c.调整法

21. 划线样板、测量样板、校对样板、辅助样板都属于 ____ 样板。

a.专用　　b.标准　　c.非标准

三、简答题

什么叫借料？试述借料划线的一般步骤。

项目八

凹凸锉配

项目目标

凹凸锉配是一个典型的对称型工件，为了达到精度要求，锉配过程中要按照工艺规律制作。

在加工配合件过程中发现问题、解决问题，理解制作工艺顺序与制作精度要求。

项目描述

有一凹凸型配合件，制作的尺寸精度、配合间隙如图 8-1 所示。

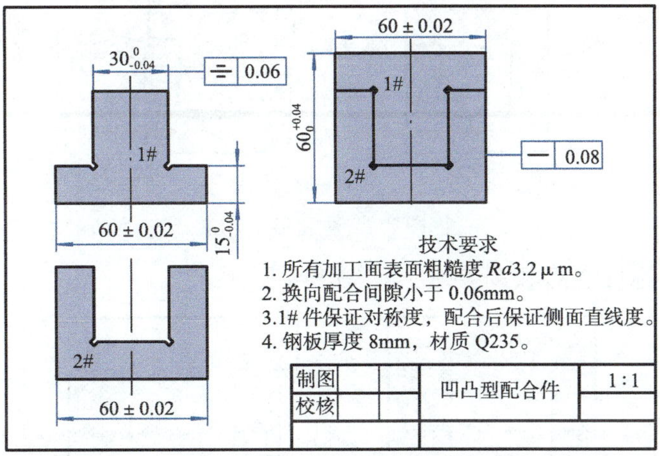

图 8-1　凹凸型配合件

相关知识

如图 8-1 所示，工件有两个公差符号：一个是直线度，一个是对称度，同时在保证间隙要求的基础上换向配，这就要求工件的制作精度要好。现以 1# 工件（凸件）为标准件，2# 工件（凹件）为配作。

1. 凹凸型配合件在制作中可能遇到问题的分析

1）1# 工件（凸件）有对称度要求，则两侧尺寸要一致。1# 工件（凸件）与 2# 工件（凹件）换向配合后有直线度要求，则 2# 工件（凹件）的两侧尺寸要一致。

2）同时工件对垂直度有较高的要求，如图 8-2 所示。

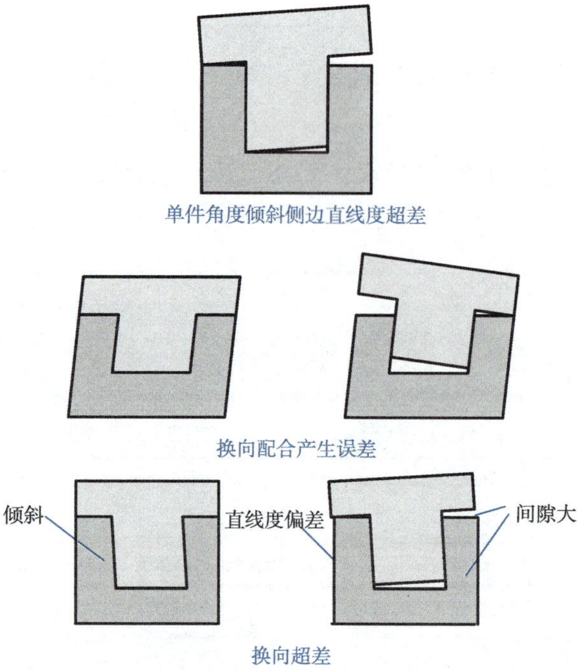

图 8-2 垂直度要求

3）工件对对称度也有较高要求，如图 8-3 所示。

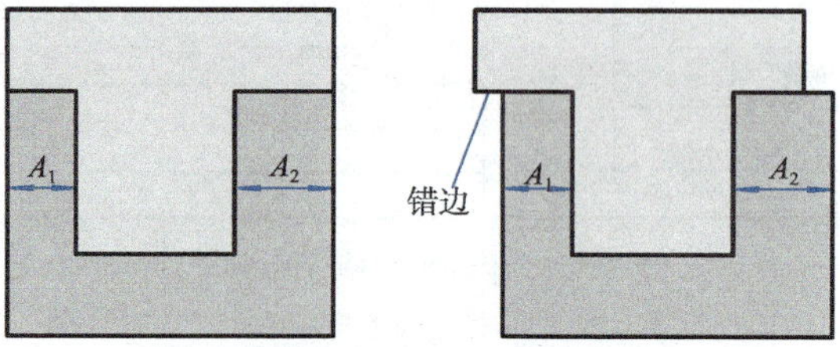

图 8-3 对称度要求

4）锉削面的平整度，与侧面的垂直度也有要求，如图 8-4 所示。

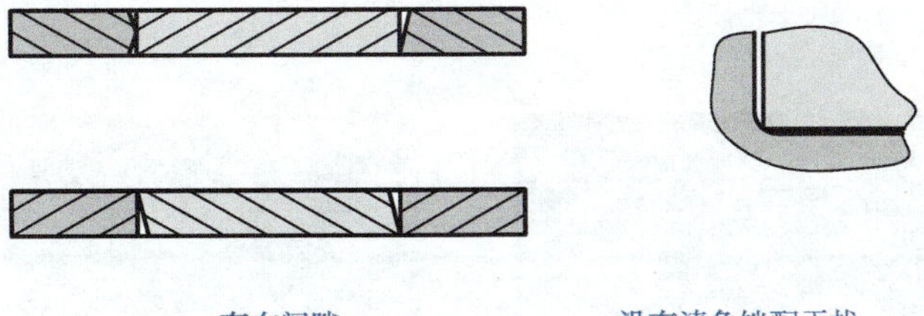

图 8-4　锉配面要求

2. 加工工艺顺序

1）制作毛坯件 45mm（ ± 0.02mm）× 60mm（ ± 0.02mm）两块。

2）制作 1# 工件（凸件）时应注意对称度加工，如图 8-5 所示。

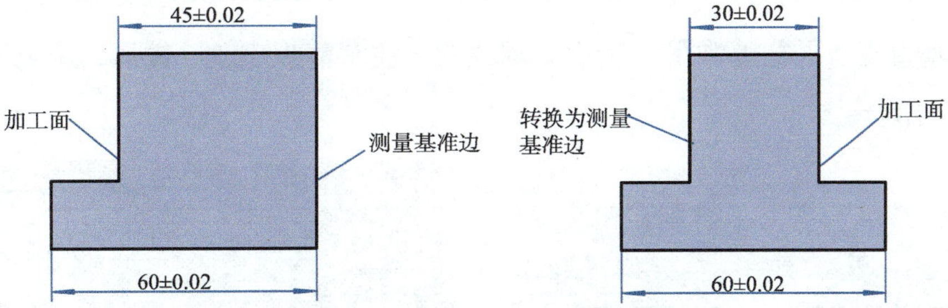

图 8-5　对称加工测量基准转换

3）制作 2# 工件（凹件）。

4）配作。

项目实施

1. 准备工具和量具

1）工具：锉刀（大、中、小）；整形锉；锯弓；锯条；毛刷；钢丝刷。

2）量具：刀口形直角尺、直角尺、游标卡尺和游标高度卡尺。

3）清理毛坯件。

2. 修整基准面

注意锉削和测量动作，防止加工误差和测量误差，保证基准平面的平面度、垂直度公差。

3. 划线和锯削分料

如图 8-6 所示，划线时要注意不要留余量，锯削缝要与所划直线平行，这样会使平面加工效率提高。

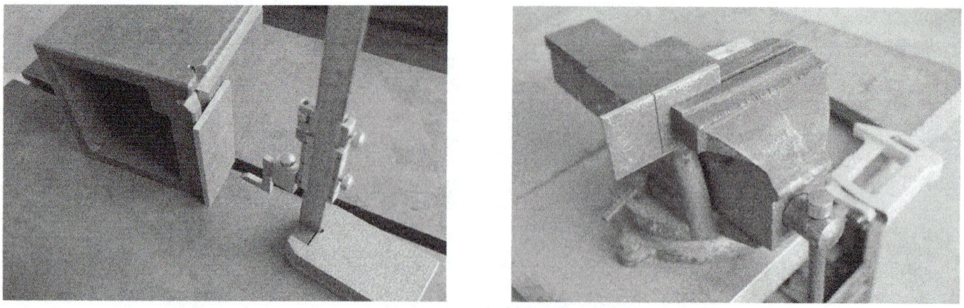

图 8-6 锯削分料

4. 锉削加工 45mm（±0.02mm）×60mm（±0.02mm）两块料

注意垂直度、平行度和尺寸精度。划线前，注意清理毛刺、铁屑，避免划线误差，如图 8-7 所示。

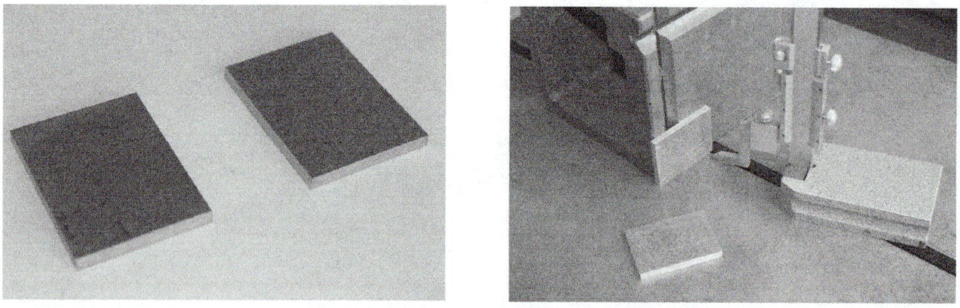

图 8-7 两块料外形锉削准备

5. 锯削 2# 工件（凹件）并进行粗加工

注意线里、线外区别，防止材料锯削报废。

1）2# 工件（凹件）锯削方式如图 8-8 所示。

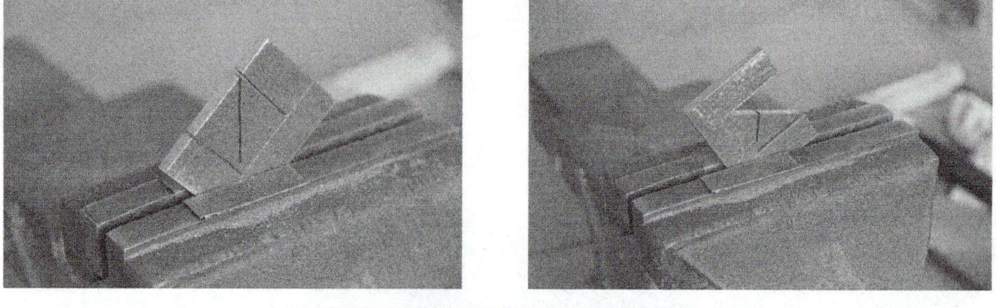

图 8-8 锯削 2# 工件（凹件）

2）利用钻床钻孔进行锯削。将锯削的内角处钻孔，将磨削好的锯条穿入孔，安装锯架锯削，如图 8-9 所示。

3）按线粗加工（锉削）2# 工件（凹件），如图 8-10 所示。

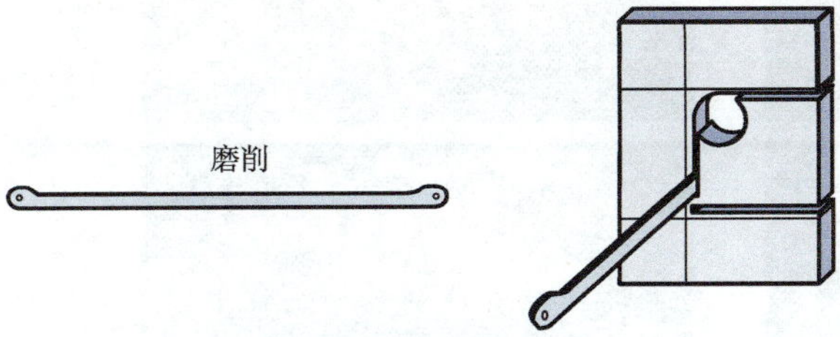

图 8-9　钻孔锯削

图 8-10　粗加工 2# 工件（凹件）

6. 加工 1# 工件（凸件）

此件主要是对称加工，要保证对称，尺寸一定要控制好。

1）先锯削一个角加工，将测量基准转换到新加工的边，如图 8-11 所示。

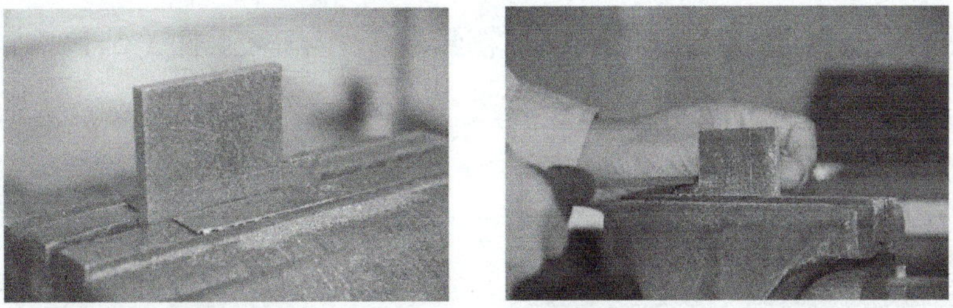

粗加工

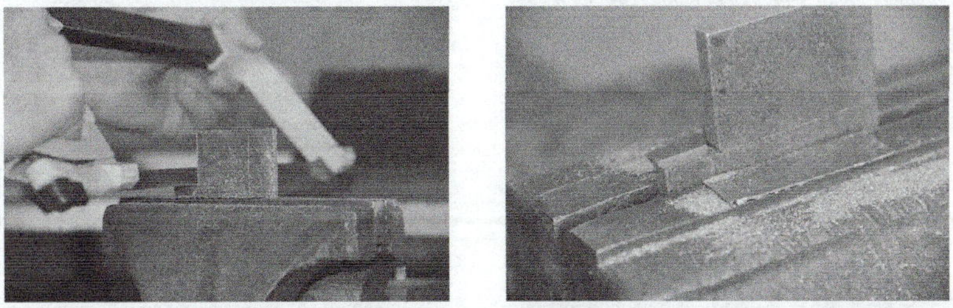

45° 清角

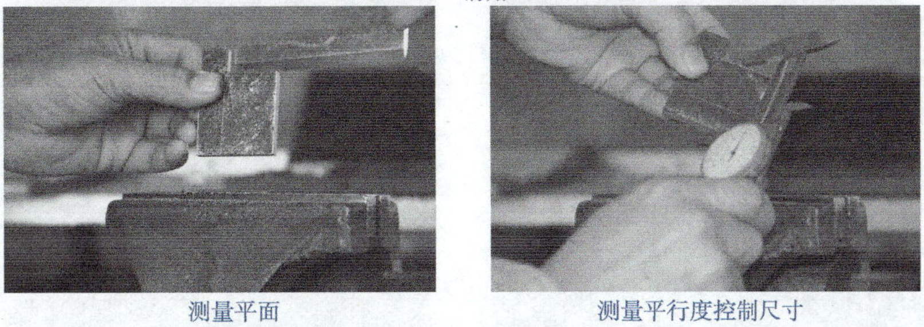

测量平面　　测量平行度控制尺寸

图 8-11　加工 1# 工件（凸件）基准边

2）加工另一侧和底边，控制尺寸、平面度和垂直度要求，如图 8-12 所示。

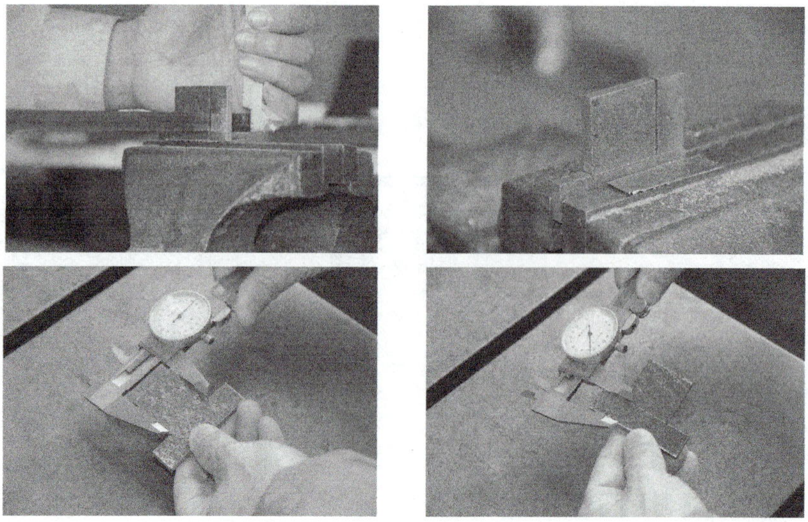

图 8-12　1# 工件（凸件）的加工

7. 锉配

1）修整 2# 工件 (凹件)，按线锉削保证尺寸，与 1# 工件（凸件）试配，注意观察干涉部分，修整尺寸，注意修整量不宜过大，防止产生过大间隙，如图 8-13 所示。

图 8-13　修整 2# 工件 (凹件)

2）修整 1# 工件（凸件）。用透光法观察干涉部分，修整凸件，注意修整量不宜过大，防止产生过大间隙，如图 8-14 所示。

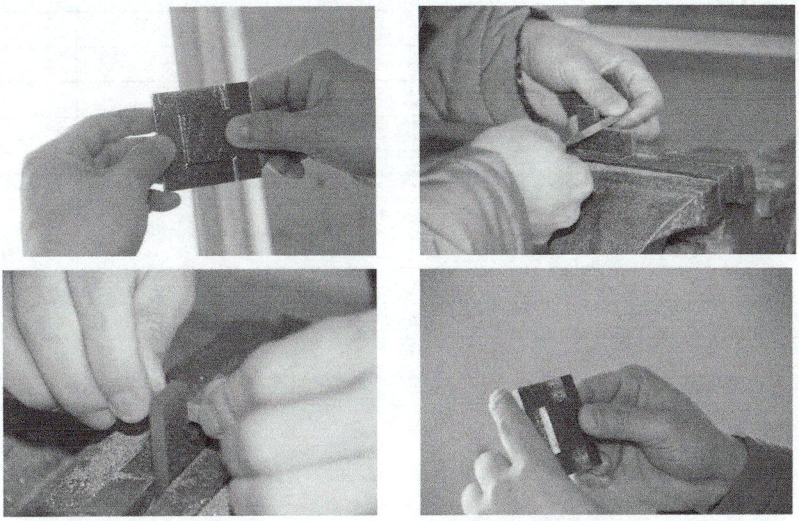

图 8-14　修整 1# 工件（凸件）

3）凹凸件换向透光观察干涉点进行修配，直到图样要求，如图 8-15 所示。

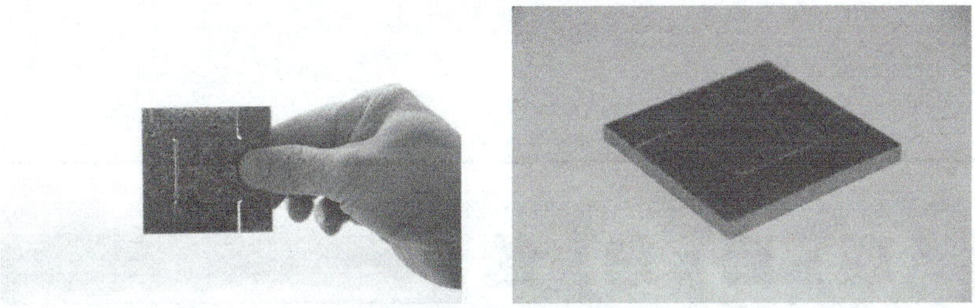

图 8-15　透光锉配

8. 检验

检验尺寸，去掉毛刺，打钢印，交工件。

项目评价

凹凸型配合件任务评分表见表 8-1。

表 8-1　凹凸型配合件任务评分表

班级：__________ 姓名：________

序号	项目任务		配分	评分标准	自评	得分
1	1# 工件（27%）	$30^{0}_{-0.04}$mm	5	超差不得分		
2		$15^{0}_{-0.04}$ mm	2×3	超差不得分		
3		（60±0.02）mm	4	超差不得分		
4		对称度 0.06 mm	4	超差不得分		
5		*Ra*3.2μm	8×1	超差不得分		

（续）

序　号	项目任务		配　分	评分标准	自　评	得　分
6	2# 工件 (18%)	（60 ± 0.02）mm	2×5	超差不得分		
7		Ra3.2μm	8×1	超差不得分		
8	配合 (40%)	间隙≤ 0.06 mm	10×3	超差不得分		
9		$60^{0}_{+0.04}$ mm	5	超差不得分		
10		直线度 0.08 mm	5	超差不得分		
11	职业素质 (15%)	团队合作	5	有违反视情节扣 1 ～ 5 分		
12		遵守纪律	5	有违反视情节扣 1 ～ 5 分		
13		迟到早退	5	有迟到早退现象扣 5 分		
14	安全文明操作		操作期间违反安全秩序规定视情况扣 5~10 分			
自评总分						
教师评价	得分：					

项目总结

凹凸型配合件以表面粗糙度、尺寸精度、平行度加工、垂直度加工和对称度加工为主，配合件尺寸要更加的准确，才能使配合间隙、表面粗糙度、直线度和尺寸达到要求。配合件产生质量问题和产生原因见表 8-2。

表 8-2　凹凸型配合件锉削的质量分析

质量问题	产生原因
工件表面夹伤或变形	1．台虎钳未装软钳口 2．夹紧力过大
工件表面粗糙度超差	1．锉刀齿纹选用不当 2．锉纹中间嵌有锉屑未及时清除 3．粗、精锉削加工余量选用不当 4．直角边锉削时未选用光边锉刀
工件尺寸超差	1．划线不准确 2．未及时测量尺寸或测量不准确 3．锉削过线
工件平面度超差（中凸、塌边或塌角）	1．选用锉刀不当或锉刀面中凸 2．锉削时双手推力、压力应用不协调 3．未及时检查平面度就改变锉削方法 4．操作动作不规范

（续）

质量问题	产生原因
工件平行度超差	1. 测量不准确，测量面不清洁 2. 测量点太少 3. 使用量具动作不规范 4. 基准面不平产生测量误差
对称度超差	1.（60 ± 0.02）mm 尺寸锉削不准确 2. 变换基准边锉削尺寸（45 ± 0.02）mm 不准确，平行度超差 3. 测量误差
局部配合间隙大	1. 配合面不平，局部有凸起 2. 测量不到位，尺寸误读 3. 配合后观察不仔细判断有错误 4. 没有换向试配综合考虑修锉点

项目练习

一、判断题

1. 零件都必须经过划线后才能加工。（ ）
2. 划线平板是划线工作的基准面，划线时，可把需要划线的工件直接安放在划线平板上。（ ）
3. 经过划线确定加工时的最后尺寸，在加工过程中，应通过加工来保证尺寸的准确度。（ ）
4. 在进行锯削、锉削、刮削、研磨、钻孔、铰孔等操作前，都应划线。（ ）
5. 锯条有了锯路，使工作上锯缝宽度大于锯条背部厚度。（ ）
6. 用手锯锯削时，其起锯角应小于 15° 角，但不能太小。（ ）
7. 锉刀可作为撬棍或锤子使用。（ ）
8. 台虎钳上夹持工件时，可套上长管子扳紧手柄，以增加夹紧力。（ ）
9. 在台虎钳上强力作业时，应尽量使作用力朝向固定钳身。（ ）
10. 125mm 台虎钳，表示钳口宽度为 125mm。（ ）
11. 台虎钳安装在钳台上时，固定钳身的钳口应处于钳台的边缘之外。（ ）
12. 钻小孔时，因钻头直径小、强度低、容易折断，故钻孔时的钻头转速要比钻一般的孔低。（ ）
13. 钻小孔时，因转速很高，实际加工时间又短，钻头在空气中冷却得很快，所以可不用切削液。（ ）

二、选择题

1. 划线除要求线条细而均匀外，最重要的是保证 ____。

   a .尺寸准确　　b.线条正直　　c.占有材料最多

2. 划线时V形铁是用来安放 ____ 工件。

   a.圆形　　b.大型　　c.复杂形状

3. 锯条反装后，其楔角 ____。

   a.大小不变　　b.增大　　c.减小

4. 钳工常用的手用锯条，其长度为 ____ mm。

   a.250　　b.300　　c.400

5. 为了使锉削表面光滑，锉刀的锉齿沿锉刀轴线方向成 ____ 排列。

   a.不规则　　b.平行　　c.倾斜有规律

6. 用压板夹持工件钻孔时，垫铁应比工件 ____。

   a.稍低　　b.等高　　c.稍高

7. 在钻孔时，直径小于 ____ mm 的孔通常一次钻出。

   a. 20　　b. 30　　c. 40

三、简答题

畸形工件划线时，工件如何进行安放？

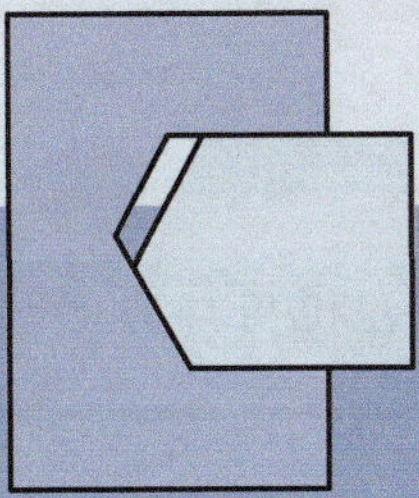

项目九

典型配合件

项目目标

本项目通过三个典型配合件的训练，巩固前面所学的钳工基本操作知识和技能，进一步理解配合件的加工工艺。

任务一　V形开口锉配

任务描述

进行V形开口配合件锉配，制作的尺寸精度、配合间隙如图9-1所示。

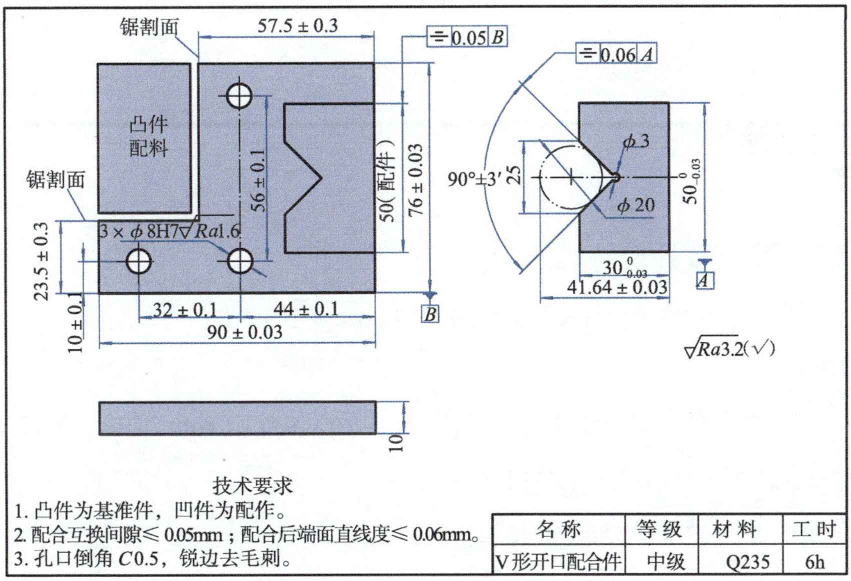

名称	等级	材料	工时
V形开口配合件	中级	Q235	6h

图9-1　V形开口配合件

相关知识

1. V 形开口配合件的划线方法

如图 9-2a 所示，V 形开口配合件的划线需借助 V 形块划出，也可计算坐标点位置用划针划出。

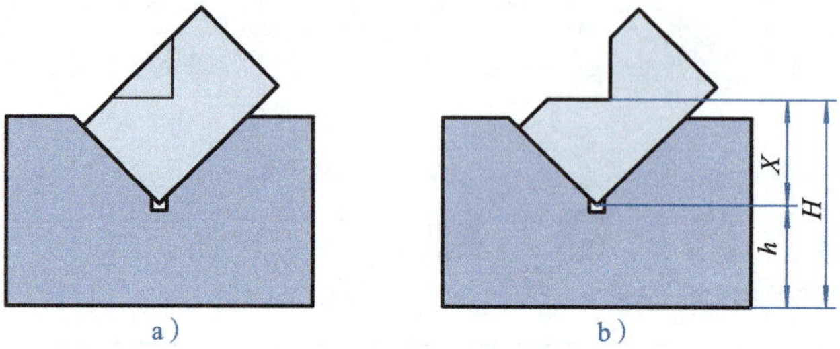

图 9-2 V 形开口配合件的划线方法和对称度的测量

a) V 形开口配合件的划线方法 b) V 形开口配合件对称度的测量

2. V 形开口配合件对称度的测量（图 9-2b）

$X=42.5\times\sin45°=30.05\text{mm}$

$$H=h+X=h+30.05\text{mm}$$

式中 H——V 形开口到 V 形块底面的测量高度；

h ——V 形块的中心高度。

结合图 9-1 通过间接控制 V 形面尺寸 H 换向后的一致性，保证 V 形面对称度要求。

任务实施

1. 备料（图 9-3）

1）尺寸：（76 ± 0.03）mm ×（90 ± 0.03）mm × 10mm 。

2）要求：

①加工一个大平面和四个侧面，保证尺寸（76 ± 0.03）mm、(90 ± 0.03)mm 正确。

②平面平直（0.03mm）、外形相互垂直。

③锉纹整齐、一致（Ra3.2μm）。

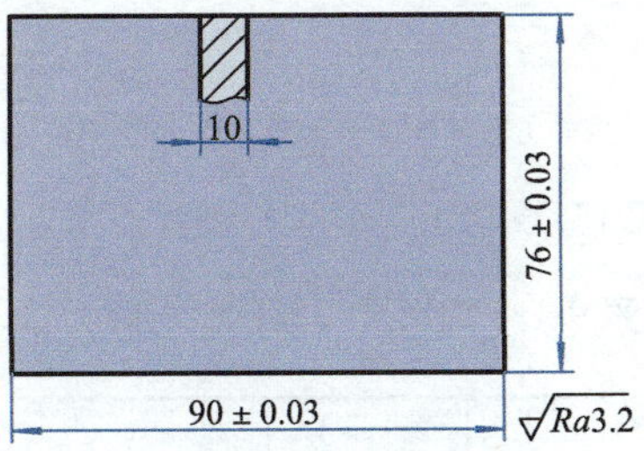

图 9-3 备料

3）备料完成后编写加工工艺。

2. 备料注意事项

1）要控制好加工余量，避免超差。

2）尺寸（90 ± 0.03）mm 的测量要正确（游标卡尺测量手势要掌握）。

3）大平面是基准，加工要平直，四个侧面要保证与大平面的垂直。

4）测量时，要注意测量手势，避免造成误差。

5）注意安全文明生产要求。

3. 操作步骤

1）检查来料尺寸。

2）粗、精锉外形表面，达到（76 ± 0.03）mm ×（90 ± 0.03）mm 尺寸及几何公差要求。

3）按图划出所有加工线。

4）钻、铰孔：

①钻凹件 2 × ϕ 12mm 锯余料孔。

②钻、铰 3 × ϕ 8H7 孔，达到精度要求。

5）锯削：保证锯削尺寸（23.5 ± 0.3）mm、（57.5 ± 0.3）mm。

6）加工凸件：

①粗、精锉凸件外形表面，保证 $30^{0}_{-0.03}$mm、$50^{0}_{-0.03}$mm 尺寸及几何公差要求。

②钻 ϕ 3mm 工艺孔，锯去 V 形开口余料。

③粗、精锉 V 形表面，达到精度要求。

④凸件精度复检，作必要修整。

7）锉配凹件：

①锯去凹件部分余料，粗锉至接近线，留精锉余量。

②以凸件为基准，锉配凹件各面，达到配合互换精度。

8）全部精度复检，锐边去毛刺，交件待检。

任务评价

V 形开口锉配任务评分表见表 9-1。

表 9-1 V 形开口锉配任务评分表

班级：__________ 姓名：__________

序号	项目任务		配分	评分标准	自评	得分
1	凸件(30%)	$50^{0}_{-0.05}$mm	5	超差不得分		
2		$30^{0}_{-0.05}$mm（2 处）	2×3	超差不得分		
3		(41.64±0.03) mm	5	超差不得分		
4		90^{0}±3′	5	超差不得分		
5		对称度 0.06mm(*A* 基准)	2	超差不得分		
6		*Ra*3.2μm(7 处)	7×1	每处超差扣 1 分		
7	凹件(29%)	(76±0.03)mm	2	超差不得分		
8		(90±0.03) mm	2	超差不得分		
9		(23.5±0.3)mm	1	超差不得分		
10		(57.5±0.3)mm	1	超差不得分		
11		(56±0.1)mm	1	超差不得分		
12		(32±0.1)mm	1	超差不得分		
13		(44±0.1)mm	1	超差不得分		
14		3×ø8H7	3×1	每处超差扣 1 分		
15		*Ra*1.6μm（3 处）	3×1	每处超差扣 1 分		
16		对称度 0.05mm(*B* 基准)	2	超差不得分		
17		*Ra*3.2μm（12 处）	12×1	每处超差扣 1 分		
18	配合(26%)	间隙≤0.05mm（6 处）	6×2×2	每处超差扣 2 分		
19		直线度≤0.06 mm	2	超差不得分		
20	职业素质(15%)	团队合作	5	有违反视情节扣 1 ~ 5 分		
21		遵守纪律	5	有违反视情节扣 1 ~ 5 分		
22		迟到早退	5	有迟到早退现象扣 5 分		
23	安全文明操作		操作期间违反安全秩序规定视情况扣 5~10 分			
自评总分						
教师评价				得分：		

任务总结

1）锯削尺寸划线时可划锯削尺寸线的下极限偏差，锯削一次锯成，不得修锯、接锯。

2）本任务的凸件加工是关键，一定要保证 V 形开口的对称度，否则，配合不能互换或间隙超差。

3）在V形块上测量时，工件位置要安放正确，注意测量位置要正确。

4）凹凸件配锉时，要注意配合直线度的控制。

5）为保证钻孔尺寸，可采用扩孔的方法来保证孔距要求，同时一定要遵守钻床操作规程。

任务二　六角开口锉配

任务描述

进行六角开口配合件的锉配，制作的尺寸精度、配合间隙如图9-4所示。

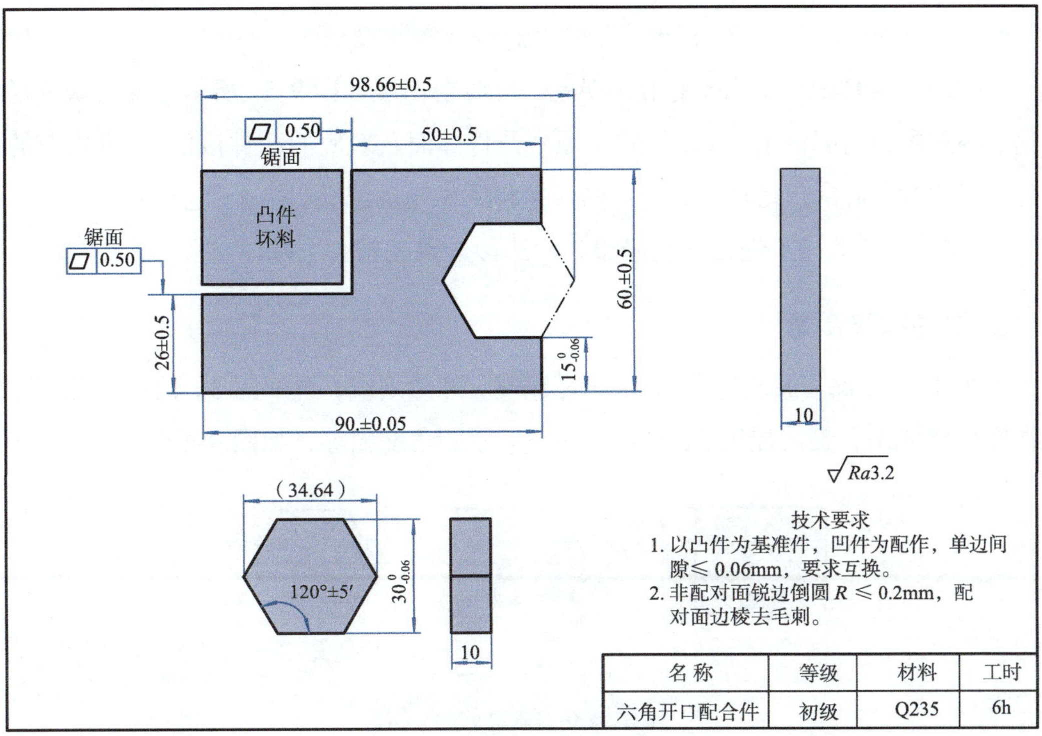

技术要求

1. 以凸件为基准件，凹件为配作，单边间隙≤0.06mm，要求互换。
2. 非配对面锐边倒圆 $R \leqslant 0.2$mm，配对面边棱去毛刺。

名称	等级	材料	工时
六角开口配合件	初级	Q235	6h

图9-4　六角开口配合件

相关知识

1. 正六边形的定义

即六边形的边长、角度均相等。

2. 互配法加工正六边形的方法

1）先加工$30.31^{\ 0}_{-0.03}$ mm尺寸，然后同时加工 a、b 两面，尽量保证 a、b 两面与中心线对称。

2）如图 9-5a 所示，以六角的已加工好的四边为基准，正向锉配凹件，达到配合要求，假设存在 t 误差。

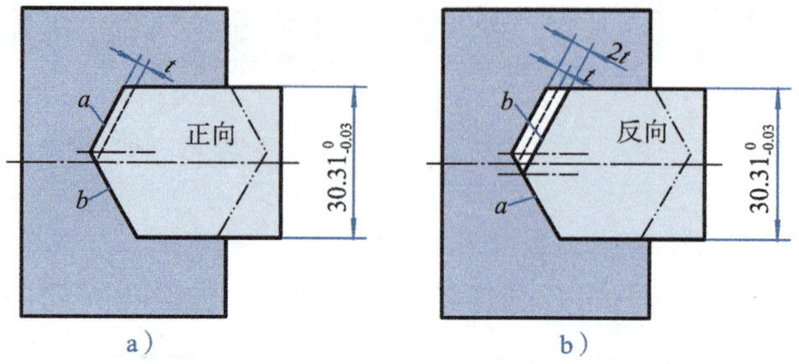

图 9-5 互配法加工正六边形的方法

3）反向 180°配合，由于存在 t 误差，此时会出现如图 9-5b 所示情况（误差增大一倍）。根据分析可以确定误差位置（图中凸件 a 面及对应的凹件该面），即对应的凹凸件面各去掉 t 余量，此时，六边形的误差得到一定的修整。

4）如步骤 2）、3）进行几次修整，六边形的误差就会去除。

3. 圆柱间接测量

先加工 1、2 面，保证$30^{\ 0}_{-0.06}$ mm 尺寸精度，然后划线，再加工 3、4 面，保证角度、圆柱间接尺寸 M，最后加工 5、6 面，保证尺寸、角度相等，如图 9-6 所示。

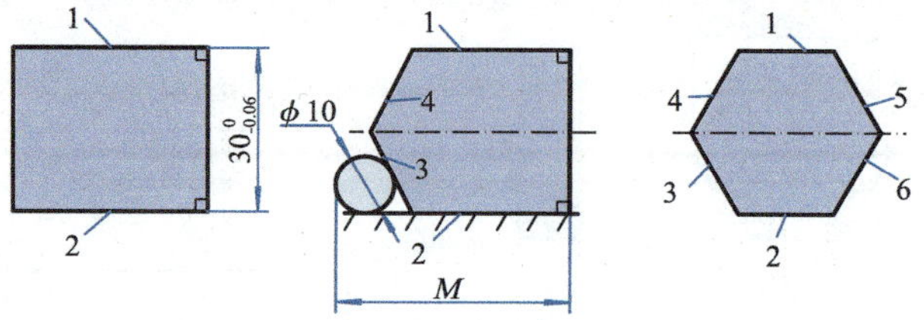

图 9-6 圆柱间接测量

任务实施

1. 备料（图 9–7）

1）尺寸:（60 ± 0.05）mm ×（90 ± 0.05）mm × 10mm。

2）要求:

①加工一个大平面和四个侧面，保证尺寸（60 ± 0.05）mm、(90 ± 0.05)mm 正确。

②平面平直（0.03mm）、外形相互垂直。

③锉纹整齐、一致（*Ra*3.2μm）。

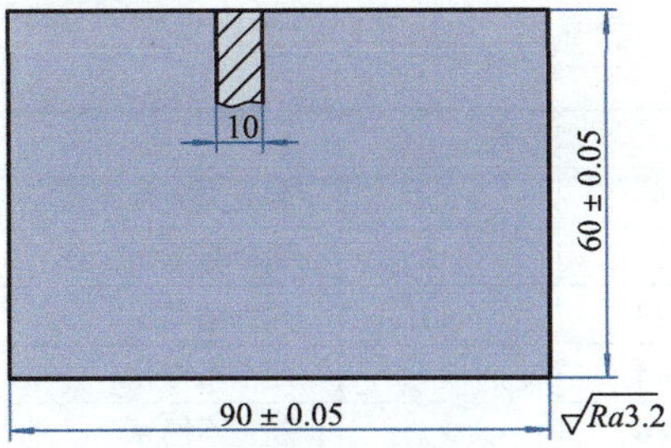

图 9-7　备料

3）备料完成后编写加工工艺。

2. 备料注意事项

1）要控制好加工余量，避免超差。

2）尺寸（90 ± 0.05）mm 的测量要正确（游标卡尺测量手势要掌握）。

3）大平面是基准，加工要平直，四个侧面要保证与大平面的垂直。

4）测量时，要注意测量手势，避免造成误差。

5）注意安全文明生产要求。

3. 操作步骤

1）检查来料尺寸是否符合加工要求。

2）加工外形，达到（60 ± 0.05）mm ×（90 ± 0.05）mm 尺寸等要求。

3）按图划出所有加工线。

4）锯削：达到（50 ± 0.5）mm、（26 ± 0.5）mm 锯削尺寸要求。

5）按图互配法或圆柱间接测量方法加工外六角，达到精度要求。

6）锉配内六角：

①钻 ϕ 12mm 的孔，用修磨好的狭锯条锯去内六角余料，然后用锉刀粗锉至接近线，单边留 0.1~0.2mm 余量作锉配用。

②精锉$15^{\ 0}_{-0.06}$mm 尺寸面，保证精度；锉配$15^{\ 0}_{-0.06}$mm 尺寸面的对面，达到配合间隙要求。

③以外六角为基准，内六角两侧为导向，锉配内六角两角度面，保证配合间隙及配合直线度要求。

7）全面检查，作必要修整，锐边去毛刺、倒棱。

任务评价

六角开口锉配任务评分表见表 9-2。

表 9-2　六角开口锉配任务评分表

班级：____________姓名：__________

序号	项目任务		配分	评分标准	自评	得分
1	外六角(30%)	$30_{-0.06}^{\ 0}$ mm（3 处）	3×4	每处超差扣 4 分		
2		120°±5′（6 处）	6×2	每处超差扣 2 分		
3		*Ra*3.2μm（6 处）	6×1	每处超差扣 1 分		
4	内六角(29%)	（90±0.05）mm	3	超差不得分		
5		（60±0.05）mm	3	超差不得分		
6		（50±0.5）mm	2	超差不得分		
7		（26±0.5）mm	2	超差不得分		
8		$15_{-0.06}^{\ 0}$ mm（2 处）	2×4	每处超差扣 4 分		
9		平面度 0.5mm（2 处）	2×0.5	每处超差扣 0.5 分		
10		*Ra*3.2μm（10 处）	10×1	每处超差扣 1 分		
11	配合(26%)	（98.66±0.5）mm	2	超差不得分		
12		间隙≤0.06mm（4 处×3）	4×2×3	每处超差扣 2 分		
13	职业素质(15%)	团队合作	5	有违反视情节扣 1～5 分		
14		遵守纪律	5	有违反视情节扣 1～5 分		
15		迟到早退	5	有迟到早退现象扣 5 分		
16	安全文明操作		操作期间违反安全秩序规定视情况扣 5~10 分			
自评总分						
教师评价	得分：					

任务总结

1）锯削一次锯成，不得修锯、接锯。

2）锯削时为保证锯削尺寸，划线时可划锯削尺寸线的下极限偏差。

3）本任务的六角加工是关键，一定要保证正六边形。

4）互配法修整时，修锉位置要分析正确，避免锉配失误，影响配合要求。

5）凹凸件配锉时，要注意配合长度尺寸的控制。

6）为保证钻孔尺寸，可采用扩孔的方法来保证孔距要求，同时一定要遵守钻床操作规程。

7）操作中要时刻注意安全文明操作要求，工具和量具摆放要整齐。

任务三　梯形样板副锉配

任务描述

进行梯形样板副锉配，制作的尺寸精度、配合间隙如图 9-8 所示。

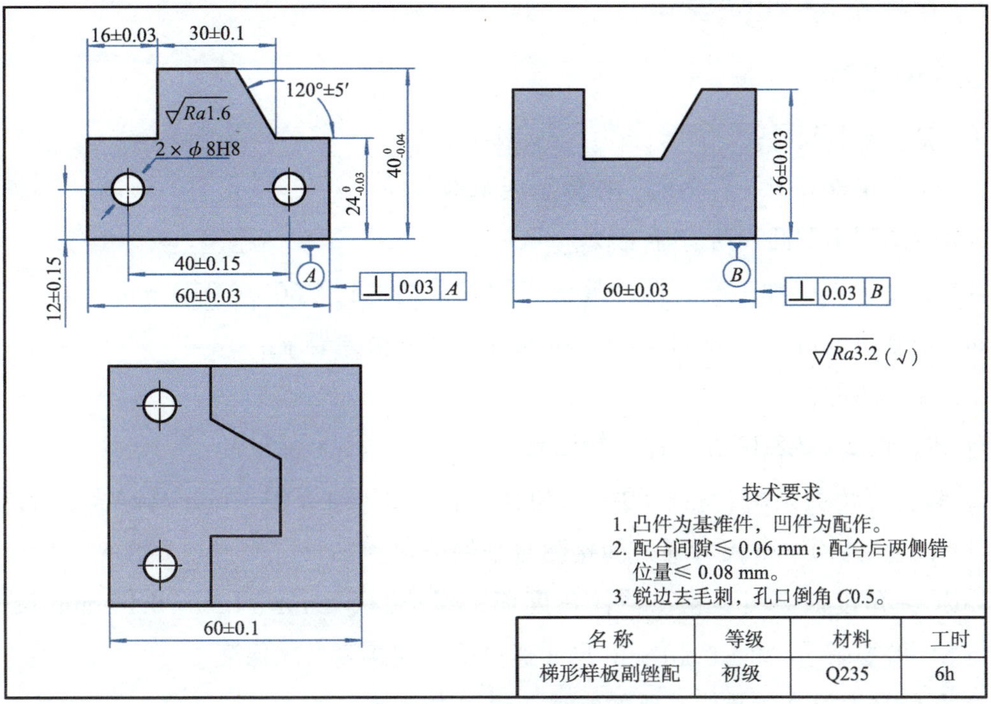

图 9-8　梯形样板副锉配

任务实施

1. 备料（图 9-9）

1）尺寸：（60 ± 0.03）mm × 80mm × 10mm。

2）要求：

①加工一个大平面和四个侧面，保证尺寸（60 ± 0.03）mm 正确。

②平面平直（0.03mm）、外形相互垂直。

③锉纹整齐、一致（Ra3.2μm）。

3）备料完成后编写加工工艺。

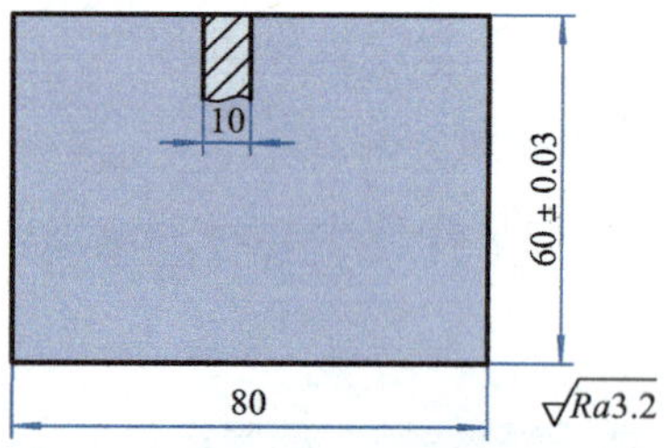

图 9-9 备料

2. 备料注意事项

1）要控制好加工余量，避免超差。

2）大平面是基准，加工要平直，四个侧面要保证与大平面的垂直。

3）测量时，要注意测量手势，避免造成误差。

4）注意安全文明生产要求。

3. 操作步骤

1）检查来料尺寸。

2）粗、精锉外形一直角面，作为划线基准。

3）按图划出凹凸件所有加工线。

4）锯削分料，加工凸、凹件外形表面，分别达到（60 ± 0.03）mm × $40^{0}_{-0.04}$ mm 和（60 ± 0.03）mm ×（36 ± 0.03）mm 尺寸、几何公差要求。

5）加工凸件：

①钻、铰 2 × ϕ 8H8 孔，保证精度要求。

②锯去直角面余料，粗、精锉直角面，保证（16 ± 0.03）mm 及$24^{0}_{-0.03}$ mm 尺寸要求［（16 ± 0.03）mm 尺寸通过间接测量来保证］。

③锯去角度面余料，粗、精锉角度面，保证$24^{0}_{-0.03}$ mm、（30 ± 0.1）mm 尺寸及 120° ± 5′ 等要求［（30 ± 0.1）mm 尺寸通过圆柱间接测量来保证］。

④凸件精度检查，并作必要的修整，锐边去毛刺。

6）锉配凹件：

①钻 ϕ 12 孔。

②锯去凹件余料，粗锉至接近线，留单边 0.2~0.3mm 的余量。

③精锉（16 ± 0.03）mm 尺寸面，保证尺寸与凸件一致及平行等要求（配合导向面）。

④以凸件为基准，锉配凹件，达到配合要求。

7）全部精度复检，锐边去毛刺，交件待检。

任务评价

梯形样板副锉配任务评分表见表 9-3。

表 9-3 梯形样板副锉配任务评分表

班级：__________ 姓名：________

序号	项目任务		配分	评分标准	自评	得分
1	凸件 (38%)	(60 ± 0.03) mm	4	超差不得分		
2		$40^{0}_{-0.04}$ mm	4	超差不得分		
3		(16 ± 0.03) mm	2	超差不得分		
4		$24^{0}_{-0.03}$ mm（2 处）	2 × 3	每处超差扣 3 分		
5		(30 ± 0.1) mm	2	超差不得分		
6		120° ± 5′	4	超差不得分		
7		垂直度 0.03mm（*A* 基准）	2	超差不得分		
8		2 × ϕ 8H8	2 × 1	每处超差扣 1 分		
9		(12 ± 0.15) mm	1	超差不得分		
10		(40 ± 0.15) mm	1	超差不得分		
11		*Ra*1.6 μm（2 处）	1 × 2	每处超差扣 1 分		
12		*Ra*3.2 μm（8 处）	8 × 1	每处超差扣 1 分		
13	凹件 (18%)	(60 ± 0.03) mm	4	超差不得分		
14		(36 ± 0.03) mm	4	超差不得分		
15		垂直度 0.03mm（*B* 基准）	2	超差不得分		
16		*Ra*3.2μm（8 处）	8 × 1	每处超差扣 1 分		
17	配合 (29%)	(60 ± 0.1) mm	4	超差不得分		
18		间隙≤ 0.06mm（5 处）	5 × 4	每处超差扣 4 分		
19		错位量≤ 0.08mm	5	超差不得分		
20	职业素质 (15%)	团队合作	5	有违反视情节扣 1 ～ 5 分		
21		遵守纪律	5	有违反视情节扣 1 ～ 5 分		
22		迟到早退	5	有迟到早退现象扣 5 分		
23	安全文明操作		操作期间违反安全秩序规定视情况扣 5~10 分			
自评总分						
教师评价	得分：					

任务总结

1）凸件（16 ± 0.03）mm 尺寸应通过尺寸链计算间接控制 *A* 尺寸来保证（图 9-10a）。

2）尺寸（30 ± 0.1）mm 通过控制圆柱间接尺寸 *M* 来保证，但由于 120° 角为钝角，圆柱容易滚动，测量时一定要压紧，如图 9-10b 所示。

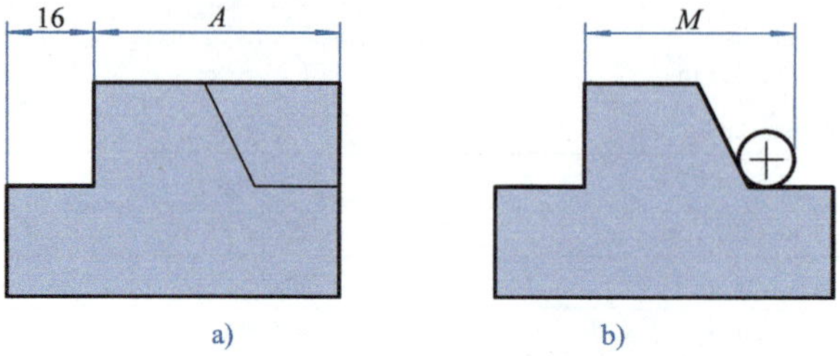

图 9-10　尺寸保证

项目练习

一、判断题

1. 零件都必须经过划线后才能加工。（　　）
2. 划线平板是划线工作的基准面，划线时，可把需要划线的工件直接安放在划线平板上。（　　）
3. 经过划线确定加工时的最后尺寸，在加工过程中，应通过加工来保证尺寸的准确度。（　　）
4. 在进行锯削、锉削、刮削、研磨、钻孔、铰孔等操作前，都应划线。（　　）
5. 锯条有了锯路，使工作上锯缝宽度大于锯条背部厚度。（　　）
6. 用手锯锯削时，其起锯角应小于 15° 角，但不能太小。（　　）
7. 锉刀可作为撬棍或锤子使用。（　　）
8. 台虎钳上夹持工作时，可套上长管子扳紧手柄，以增加夹紧力。（　　）
9. 在台虎钳上强力作业时，应尽量使作用力朝向固定钳身。（　　）
10. 125mm 台虎钳，表示钳口宽度为 125mm。（　　）
11. 台虎钳安装在钳台上时，固定钳身的钳口应处于钳台的边缘之外。（　　）
12. 钻小孔时，因钻头直径小、强度低、容易折断，故钻孔时的钻头转速要比钻一般的孔低。（　　）

13．钻小孔时，因转速很高，实际加工时间又短，钻头在空气中冷却得很快，所以可不用切削液。　　（　　）

二、选择题

1．划线除要求线条细而均匀外，最重要的是保证 ____。

a.尺寸准确　　b.线条正直　　c.占有材料最多

2．划线时V形块用来安放 ____ 工件。

a.圆形　　b.大型　　c.复杂形状

3．锯条反装后，其楔角 ____。

a.大小不变　　b.增大　　c.减小

4．钳工常用的手用锯条，其长度为 ____ mm。

a.250　　b.300　　c.400

5．为了使锉削表面光滑，锉刀的锉齿沿锉刀轴线方向成 ____ 排列。

a.不规则　　b.平行　　c.倾斜有规律

6．用压板夹持工件钻孔时，垫铁应比工件 ____。

a.稍低　　b.等高　　c.稍高

7．在钻孔时，直径小于 ____ mm 的孔通常一次钻出。

a. 20　　b. 30　　c. 40

三、简答题

畸形工件划线时，工件如何进行安放？

附录

复合作业——錾口小锤制作

一、目的和要求

1）掌握锉腰孔及连接内外圆弧面的方法，达到连接圆滑、位置及尺寸正确的要求。

2）提高推锉技能，达到纹理齐正、表面光洁的要求。

3）通过复合作业，要求掌握已学课题的基本技能并能进行一般的手工工具制作，同时基本掌握工件各型面的加工步骤、使用工具及有关基准和测量方法。

二、重点和难点

掌握锉腰孔及连接内外圆弧面的方法，达到连接圆滑、位置及尺寸正确的要求。

三、工量具准备

1）工具：扁锉、方锉、半圆锉、圆锉、锤子、样冲、划规、划针，ϕ9.5mm钻头，锯弓等。

2）量具：游标高度尺、游标卡尺、直角尺、半径样板、钢直尺等。

四、分析图样（图1）

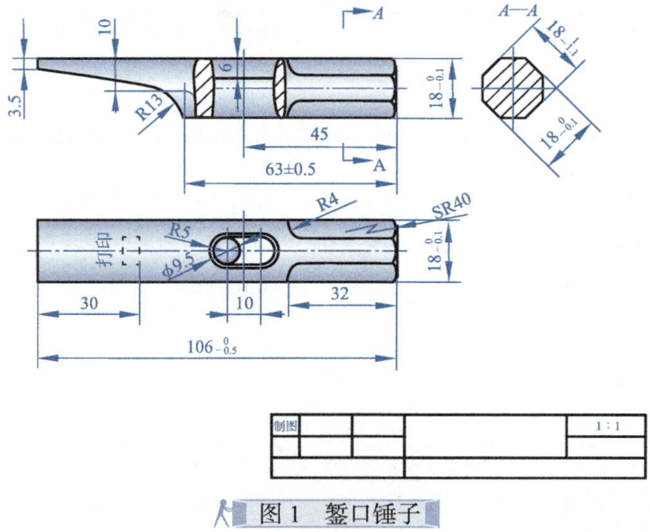

图1 錾口锤子

为了此工件成形美观，要注意以下几点：

1）本工件为一件实用工具，加工时要控制好尺寸。

2）为了使工件棱角分明、R4mm 圆弧高度一致，要注意圆弧锉削的一致性。

3）为防止圆弧与平面相交不光滑，在相交处要有一定的加工余量，要反复锉削逐渐达到图样要求。

4）工件夹持要用软金属做好保护，防止夹坏工件。

五、加工步骤

1）检查坯料情况，加工长方体，保证尺寸（106 ± 0.5）mm ×（18 ± 0.5）mm ×（18 ± 0.5）mm 的精度（注意横截面的尺寸一致性）、平行度、垂直度。

2）根据图样要求划出小锤的加工线（图 2）。

计算八方高度线尺寸：制作八边形要计算 ac 的尺寸（图 3）。

如图 3 所示：

$$ab=18\text{mm}\times 1.414=25.452\text{mm}$$

$$ac=\frac{25.452\text{mm}-18\text{mm}}{2}\times 1.414=5.2686\text{mm}\approx 5.3\text{mm}$$

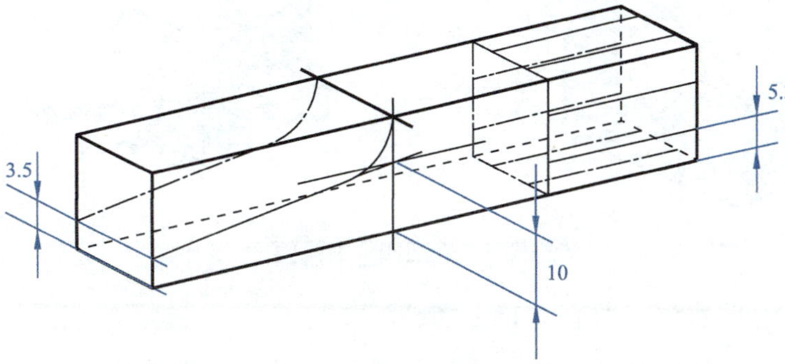

图 2　小锤划线

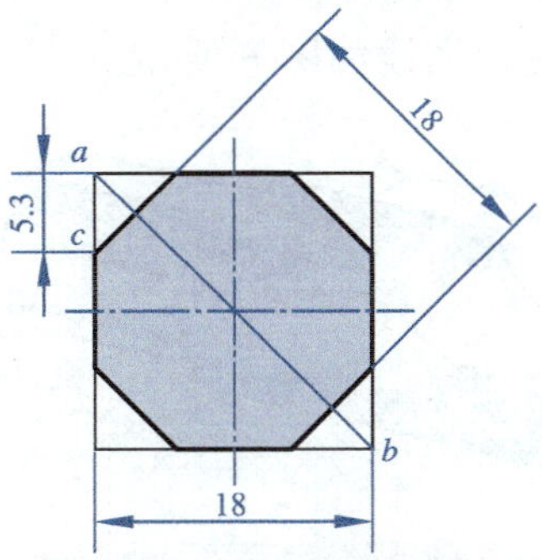

图 3　八方尺寸计算

3）加工斜面。加工斜面前将工号打在斜面背面尺寸 30mm 的位置。

①用锯割的方法去除斜面余料，注意保留加工余量。

②粗锉加工大圆弧面、斜面。注意观察加工线，防止过线（利用挡铁防止过线）如图 4 所示，锉削方向与侧面垂直，不允许交叉锉。

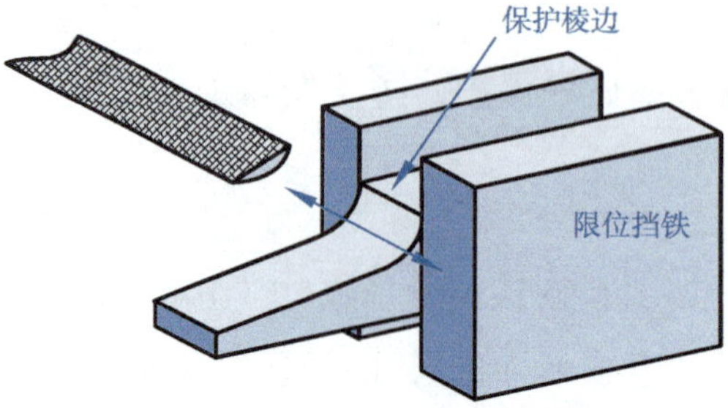

图 4　加工大圆弧面

③精锉到尺寸，保证斜面斜度、圆弧 R13mm 和两面圆滑过渡，纹理整齐。

4）制作八方。

利用夹具（事先做好的夹具，即 90°　V 形块）锉削 *R*4mm 圆弧，保证四个圆弧面的一致性，同时与 5.3mm 线留有 0.1mm 余量，以保证与平面光滑连接（图 5）。

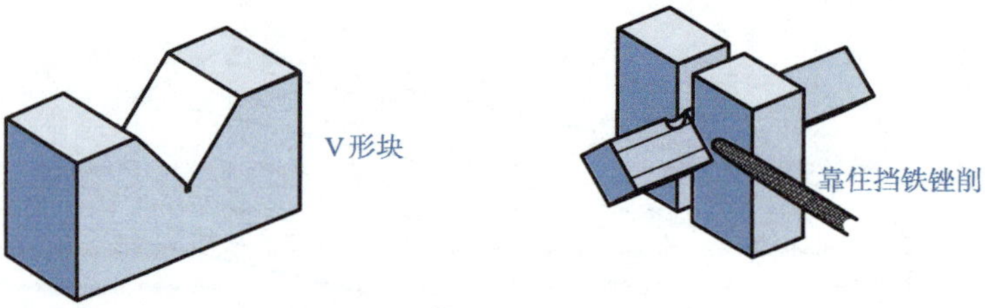

图 5　锉削四个圆弧面

锉削平面靠近尺寸线，留有 0.1mm 余量。

精锉到尺寸，保证（18 ± 0.5）mm、圆弧面与平面光滑连接，保证棱线平行和棱角分明。

5）制作腰孔。腰孔转孔位置划线如图 6 所示。

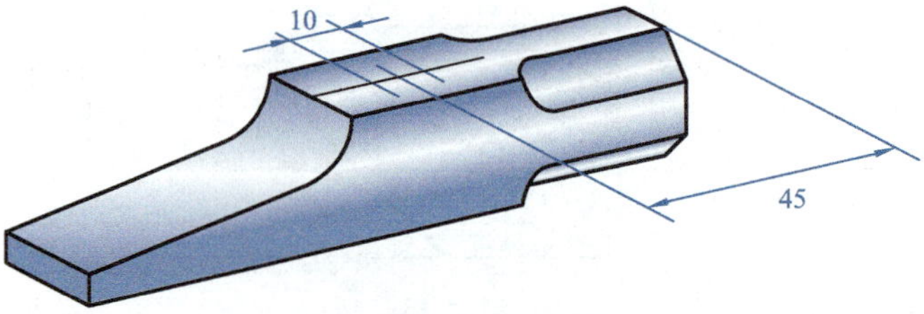

图 6　腰孔转孔位置划线

打样冲，根据图样用 ϕ9.5mm 钻头转孔。保证工件夹持正确，避免转孔歪斜（图 7）。

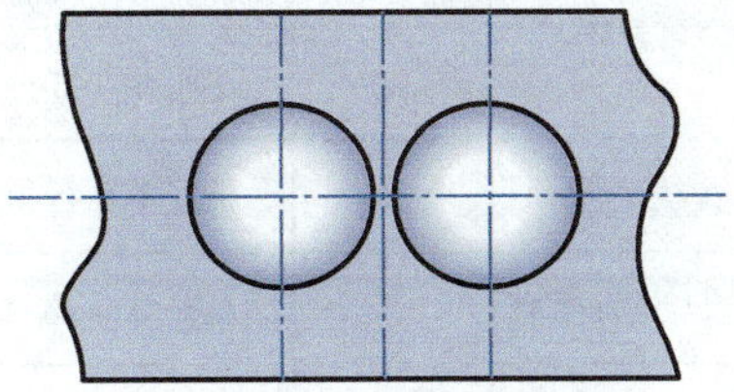

图 7　腰孔转孔

用圆锉通两孔，用整形锉修整腰孔内壁，保证内壁平整，腰孔外形达到图样要求（图 8）。

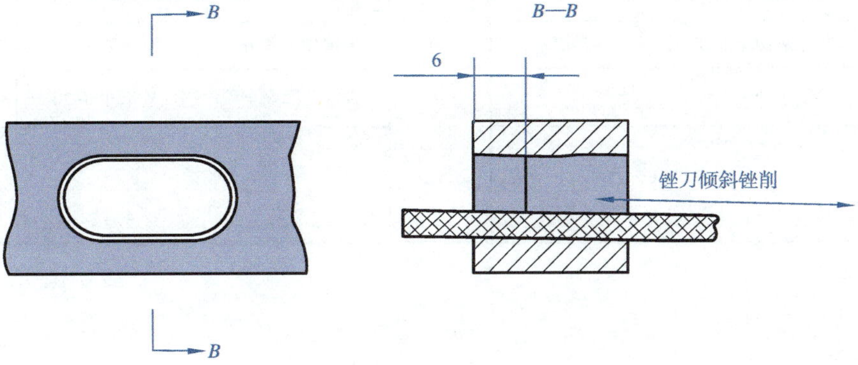

图 8　孔壁锉削

精修孔外形。

6）锉削小锤球形端面。

7）去除毛刺，用整形锉（细齿）去除整个表面粗锉纹。

8）用砂布打磨小锤。砂布打磨不要破坏棱边，可用砂布包住锉刀进行打磨，将锉削纹路消除。

9）检查交件。

小锤制作评分表见附表。

附表　小锤制作评分表

学　号		姓　名		总　分	
序　号	项　目		配　分	评分标准	得　分
1	小锤平面度		20	不平扣 1~5 分	
2	小锤各棱边清晰，八边形棱线平行		20	棱线不平行扣 1~5 分	
3	斜面斜度正确，圆弧直棱边与锤面垂直		5	超差 0.5mm 扣 1 分，累计扣分至 5 分	
4	斜面与圆弧光滑连接		5	酌情扣 1~5 分，过度平滑不扣分	
5	腰孔位置正确对称		5	畸形不对称扣 2~5 分	
6	八边形圆弧部分高低一致		5	超差 1~2mm 扣 1~5 分	
7	各部尺寸正确		30	超差 1mm 一处扣 2 分，八方畸形扣 2~8 分	
8	加工表面粗糙度合格		10	酌情扣 1~5 分	
9	文明生产			训练期间安全秩序违反规定扣 5~20 分	
评分人：					

参 考 文 献

[1]蒋增福．钳工工艺与技能训练［M］．北京：中国劳动社会保障出版社．2009.

[2]陈顺同，张弘智．机械基础实习［M］．台北：台湾全华图书股份有限公司，2009.

[3]杨玉清．机械材料 II[［M］．台北：台湾全华图书股份有限公司，2008.

[4]林英明、林昂、林彦伶．机械制造 I［M］．台北：台湾全华图书股份有限公司，2007.

[5]林英明、林昂、林彦伶．机械制造 II.［M］．台北：台湾全华图书股份有限公司，2007.

[6]李捷、鄂冰．钳工［M］．北京：中国劳动社会保障出版社，2011.

[7]吴鹤林、鄂冰、李捷，等．工具钳工［M］．北京：中国劳动社会保障出版社，2011.